机器人大闯关

潘学涛　张　燕　著

DATA

中国矿业大学出版社

内容简介

机器人课程是一个丰富学生知识、使学生适应时代要求的教育活动。机器人技术融合了电子、造型、传感器、机械、人工智能等当今多项领域的先进技术，它不仅体现了对未来科技发展的认识，也是培养新世纪人才的重要举措。

本书描述的是丁丁和罗博两位小朋友不断学习知识和使用机器人完成闯关任务的旅途。本书介绍了如何布置场地、如何改装机器人、如何编写机器人程序等知识。本书是培养小学生综合能力、信息素养的优秀教材。

图书在版编目（CIP）数据

机器人大闯关 / 潘学涛，张燕著.
徐州：中国矿业大学出版社, 2018.3
ISBN 978-7-5646-3903-7

Ⅰ.①机… Ⅱ.①潘… ②张… Ⅲ.①机器人—基本知识 Ⅳ.①TP242

中国版本图书馆CIP数据核字(2018)第027873号

书　　名　机器人大闯关
著　　者　潘学涛　张　燕
责任编辑　于世连
责任校对　何晓惠
出版发行　中国矿业大学出版社有限责任公司
（江苏省徐州市解放南路　邮编　221008）
营销热线　（0516）83885307　83884995
出版服务　（0516）83885767　83884920
网　　址　http://www.cumtp.com　E-mail:cumtpvip@cumtp.com
印　　刷　徐州市今日彩色印刷有限公司
开　　本　787×1092　1/16　**印张**　7.5　**字数**　187千字
版次印次　2018年3月第1版　2018年3月第1次印刷
定　　价　28.00 元
（图书出现印装质量问题，本社负责调换）

前言

读者们，你们听说过机器人吗？电影“机器人总动员”讲述了一个拥有自己意识的垃圾机器人瓦力的传奇故事；电影“机械公敌”描述了人与机器人之间的一场你死我亡的生存大战。影视作品中的机器人拥有很高的智商，并且几乎无敌，这离我们很遥远。但现实生活中，变形后的机器人已经进入了我们的视野，如焊接机器人、潜水探测机器人、扫地机器人、机器人厨师等。

信息化社会中，机器人正载着动力技术、传感器技术以及人工智能技术，迅速进入我们日常生活中的方方面面。机器人技术综合了多学科的发展成果，代表了高技术的发展前沿，机器人涉及了信息技术的多个领域。它融合了多种先进技术，没有一种技术平台会比机器人具有更为强大的综合性。它不仅体现了对未来科技发展的认识，也是培养新世纪人才的重要举措。机器人教育教学将给小学的信息技术课程增添新的活力，成为培养小学生综合能力、信息素养的优秀平台。

珠江路小学自建校伊始，就确立了以科技为特色的发展思路，在学校中大力推广科技知识。建校初期，珠江路小学就建立了机器人实验室，对学生开展机器人教育教学。机器人课程是一门多学科相互融合的学科，也是最能体现STEAM教育模式的一门学科。以机器人为载体的“机器人大闯关”科技教学实践课程就是学校长期坚持的一项面向全体学生的科技类普及活动。长时间的经验积累和不断的实践探索之后，笔者将日常“机器人大闯关”科技教学实践课程的教学内容集结成册，由此而写出《机器人大闯关》这本著作。

《机器人大闯关》描述的是丁丁和罗博两位小朋友不断学习知识和使用机器人完成闯关任务的旅途。在本书中，你们将学到如何布置场地、如何改装机器人、如何编写机器人程序等知识。本书共分为四大部分、十八关。每一个关的内容又包括三大板块：过关要求、闯关探究和关外链接。在学习本书知识时，每一个关卡的通关要求虽然相对简单，但是隐含的却是最基本的需要小朋友读者必须掌握的机器人知识。对于初学机器人技术的小朋友们，要想对每一关的内容进行深入的研究，“训练道场”是你们必须重视的一个环节，因为这里提供了更重要的进阶要求。本书每一关的后面都有一个“关外链接”板块。在这个板块中，你们会阅读到很多趣味知识（包括成语故事、数学知识以及有关机器人的知识），同时你们还会跟随丁丁和罗博的足迹了解到珠江路小学及其学生的成长过程和获得荣誉。

相信小朋友读者们在使用本书时通过对机器人的设计、搭建、编程、调试和创新的过程中，必定能够增加自身在机械学、工程学、电学、计算机科学、程序设计、自动控制等领域的科普知识，必然能够提高自己的观察能力、动手能力、想象能力、创新能力、主动探究能力、自主分析解决问题能力、团队协作能力。

由于个人能力原因和认知原因，书中纰漏在所难免，恳请各位读者批评和指正。

张　燕

2018年1月

目录

导　语

丁丁和罗博是好朋友，他们在同一时间加入了机器人社团，并且领到了属于他们的一台机器人和一台电脑，满心欢喜，于是迫不及待地动手研究起来。翻看了老师给出的部分资料之后，他们了解了机器人的一些基础知识，并且掌握了机器人的开关机方法。漂亮的开机画面之后，机器人显示屏上出现了一个个闯关任务要求。他们兴奋地意识到：属于他们的闯关之旅开始了……

第一部分　机器人基本动作训练

机器人呈现给读者的最基本的动作包括移动、显示、发声和发光。

在这四个基本动作中，移动是机器人基本动作中最重要的一个动作。如果对其细分，移动又可以分为前进、后退、左转、右转等。所有的这些移动方式都是通过设置机器人两个马达的功率、角度和持续时间来实现的。

本部分课程主要介绍机器人的各种移动方式。显示和发声等内容不是本部分课程的重点。在其他部分课程的闯关任务中会再次重点介绍显示和发光。

机器人大闯关是一个让你更加睿智的课程。

欢迎同学们开始本部分的闯关之旅！

本部分课程包括以下四关：

- 第一关　初出茅庐
- 第二关　走正方形
- 第三关　画最大圆
- 第四关　牛刀小试

第一关 初出茅庐

在弄明白了机器人的基本操作后，丁丁和罗博召唤出了机器人NPC，并拿到了第一个闯关任务书。

面对第一个闯关任务书，丁丁和罗博丝毫不敢怠慢，认真地阅读起来。

过关要求

闯关任务的描述非常简单：启动机器人，并运行程序，将距离机器人1米外的圆柱推倒。

但阅读完任务后，丁丁和罗博却显得并不轻松。他们看看机器人，再看看周围，发现需要他们解决的问题有很多。为了能够快速闯关，他们尝试进行分工合作，并在关键问题上进行讨论。

闯关探究

一番讨价还价之后，两人通过剪刀石头布的较量完成了闯关任务分工。

场地布置

根据机器人触摸屏上的提示，罗博找齐了工具和道具，开始工作。

首先利用手中的黑胶带，在地面上贴出一个20厘米×20厘米的正方形，作为机器人的起始位置。

然后将四个圆柱，在距离位置起始点50厘米的地方放好，每个方向上放置一个。

场地布设完成之后，罗博自言自语道："知易行难，果真如此啊！"

机器人设计

丁丁盯着触摸屏上的场地，然后又从屏幕上提供的机器人基本图形中找到了下面的两幅图。

Nxt基础小车

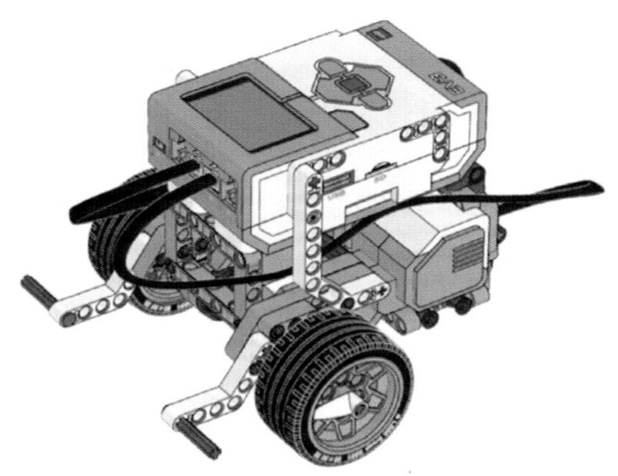

EV3基础小车

丁丁认为，这两辆车的任何一辆，都可以很轻松地完成本关任务。他和罗博商量了一下后，决定使用EV3基础小车来完成任务。

于是丁丁照着EV3小车的样子，开始了小车的搭建工作。

程序分析

提前完成场地设计的罗博，来到电脑边，开始了程序的研究。一番努力之后，他感觉有些复杂，于是等着丁丁一起来研究。

丁丁完成小车搭建后，跟罗博一起开始研究起来。经过讨论，他们认为机器人只要一个前进动作就可以了。但对于如何控制距离，他们各自有不同的想法。

争论了一段时间，他们好像理解了一些事情。这就是前进的距离好像和时间以及速度有关，于是他们走到电脑前，打开网页输入“距离速度时间的关系”。经过一番查阅后，发现了这么一个公式：$s=v\times t$，其中文意思就是：距离等于速度乘以时间。

在程序中的表示就是，设置机器人马达前进的速度，然后再设置一个时间，机器人就可以完成距离的任务了。

欣喜若狂之下，他们根据提供的图例，进行了第一个程序的编写。

程序设计

1. EV3编程环境下的程序设计。

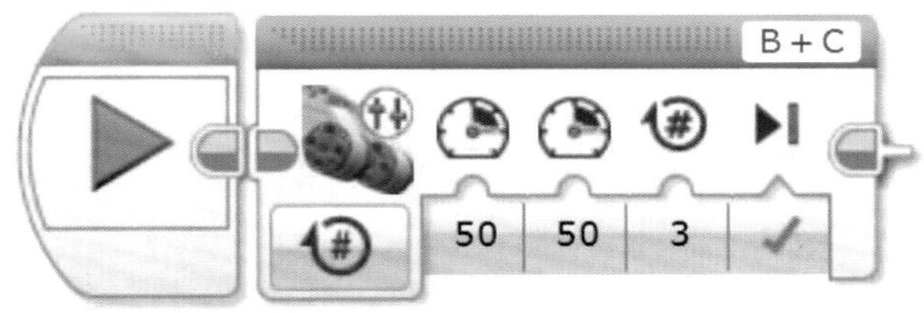

2. Robot C编程环境下的程序设计。

LEGO Start Page | SourceFile002.c*

```
task main()
{
  setMotorSpeed(motorB,50);
  setMotorSpeed(motorC,50);
  sleep(3000);
}
```

几次尝试之后，丁丁和罗博很轻松地通关了。

1. 程序中只有一个“移动”模块，而这个模块中，影响机器人速度的参数是哪个？该如何让其速度达到最快？

2. 表示移动距离的参数单位都有哪些？如何设置才能让目标物正好被推出圈外，而机器人还待在圈内？

3. 如果要让机器人返回到起点位置，应该怎么办？

4. 如果在场地的四个方向上摆放四个易拉罐，如何让机器人将四个圆柱状目标物依次推出场地外？

趣味知识

“初出茅庐”的由来

东汉末年，刘备三顾茅庐请出诸葛亮并拜为军师。而关羽、张飞对他不以为然。没过多久，曹操派大将夏侯惇领十万大军攻打新野，刘备找诸葛亮商议，诸葛亮说：“怕众将不听我令，愿借主公印剑一用。”刘备忙将印剑交给诸葛亮。诸葛亮开始集众点将。

博望坡

命关羽带一千人马埋伏在豫山，放过敌人先头部队，看到起火，迅速出击。张飞带一千人马埋伏在山谷里，待起火后，杀向博望城。关平、刘封带五百人马，在博望坡后面分两路等候，敌军一到，立刻放火 。又把赵云从樊城调来当先锋，只许败不许胜。刘备带一千人马作后援。

关羽忍不住问：“我们都去打仗，先生干什么？”诸葛亮说：“我在城中坐等。”张飞大笑说：“我们都去拼命，先生你好逍遥！”诸葛亮说：“印剑在此，违令者斩！”关羽、张飞无话，冷笑着走了。在战斗中，各将按诸葛亮吩咐行事，直杀得曹兵丢盔弃甲。诸葛亮初次用兵，神机妙算，大获全胜。关羽、张飞等佩服得五体投地。

丁丁和罗博的足迹

2011年3月，我校机器人社团刚刚成立不到半年，便在当年青岛市中小学机器人竞赛中获得灭火项目的第一名，并代表青岛市参加了山东省中小学机器人竞赛。正所谓初出茅庐，初战告捷！

INFORMATION TECHNOLOGY

2011年青岛市中小学电脑制作活动

获奖证书

甘　一同学：

在本次电脑机器人比赛中，荣获机器人灭火比赛一等奖，特发此证，以资鼓励。

二〇一一年十

第二关 走正方形

在成功闯过第一关之后，丁丁和罗博迫不及待地召唤出了机器人NPC，进行第二关的挑战。

过关要求

第二关的文字描述是这样的：在地板上贴出一个边长为100厘米的正方形场地，将其中的一个角作为起点，让机器人沿着正方形的四条边走一圈。

闯关探究

丁丁和罗博经过一番讨论之后，最终还是决定分头行动。这次丁丁负责场地的制作，罗博负责机器人的组装。对于程序的设计，他们打算一起来完成。

场地布置

根据机器人触摸屏上的提示，丁丁找来了黑色胶带、直尺、剪刀等工具。

他首先用直尺在地板上量出了100厘米的长度，然后贴上黑色胶带。接下来依次重复这样的动作。很快，一个正方形场地就做出来了。

丁丁看到罗博手中的工作还没有完全结束，于是突发奇想，在正方形的一个角上又做了一下装饰，最终场地变成了右边的样子。

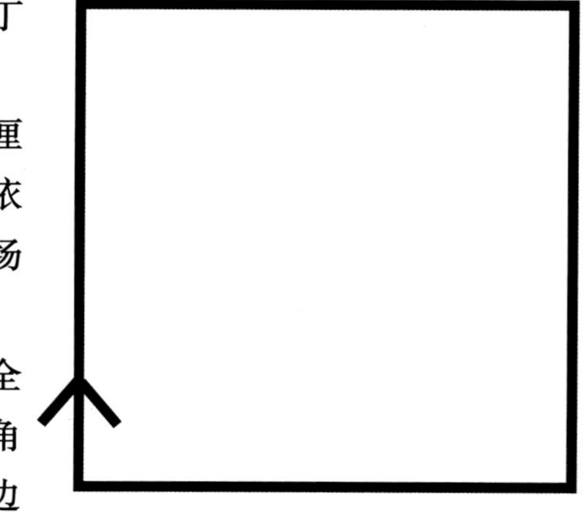

机器人设计

罗博来到机器人配件分类盒旁边，想到今天的任务仅仅是让机器人沿轨迹线移动，于是很快就确定了机型。

经过一番紧张的忙碌，罗博最终完成了机器人的搭建。

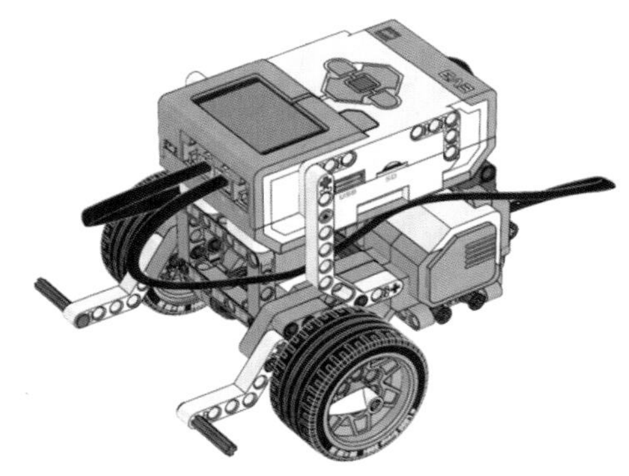

EV3基础小车

程序分析

一切准备工作就绪后，丁丁和罗博又坐在了一起。他们开始讨论如何让机器人走出指定的路线。

丁丁边比划边说："完成这一关，需要让机器人连续完成前进、转向、前进、转向、前进、转向、再前进七个动作。"

罗博看到丁丁投入的样子，嘿嘿笑了起来，但笑过之后，说了一句："丁丁，我怎么发现有些动作是重复的呢？"

丁丁听了后，想了想说："嗯，你这么一提醒，还真是那么回事。但前进有四个，转向只有三个啊。"

"再加一个转向行不？"罗博问道。

你一言我一语地讨论过后，他们发现把转向加在最后，不但不影响机器人完成任务，还能让机器人回到最初的摆放状态。

程序设计

很快，他们的第一个程序就设计出来了。

但无论是丁丁还是罗博，都对这个程序不太满意——他们感觉这个程序不够简练。

于是他们开始翻阅相关的资料，看看能不能将这个程序精简。一番努力之后，他们找到了一个新的模块——循环模块。

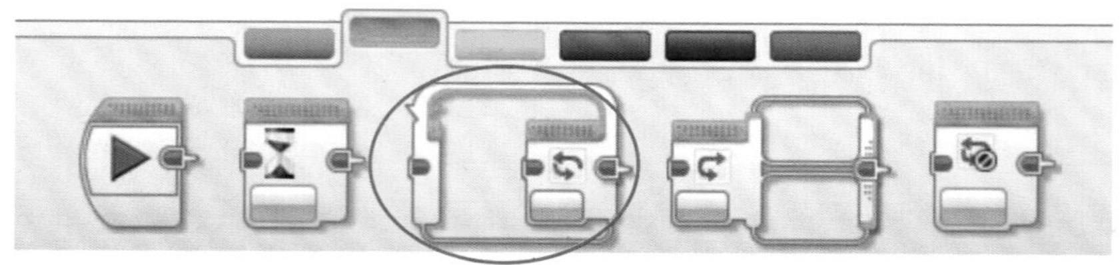

有了循环模块的帮助，他们的程序变得简练多了。下面是他们修改过的程序。

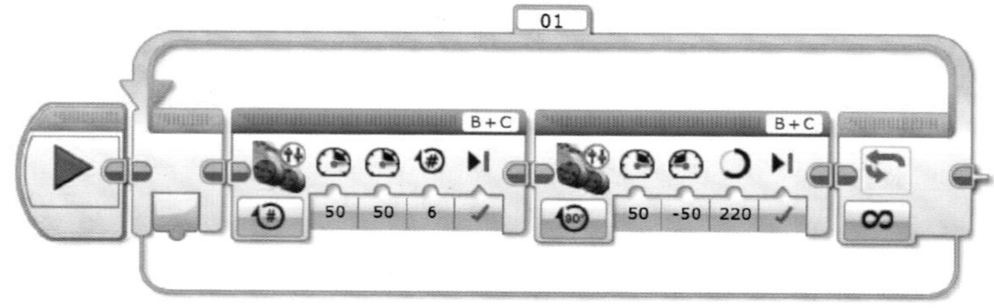

不懈的努力之后，丁丁和罗博总算闯关成功。成功的喜悦虽然挂在他们的脸上，但似乎也掺杂了一点点的艰辛。

训练道场

1. 机器人的前进距离可以通过设置前进的圈数、前进的角度数以及前进的时间来实现，你个人更喜欢怎么设置？为什么？

2. 想让机器人右转90度，看起来很简单，但操作起来还是有些难度的，除了与设计的机器人有关外，地板的摩擦系数也需要考虑。让你的机器人完成右转90度的动作，是怎么设定的？

3. 要想让机器人右转90度，机器人的两个马达可以有不同的设定方法，你能说出几种？

4. 丁丁和罗博最后的程序还是有些问题，你能找出问题所在吗？

关外链接

趣味知识

Robot(机器人)的由来

1920年，捷克斯洛伐克作家萨佩克写了一本名为《洛桑万能机器人公司》的剧本。剧本中他给洛桑万能机器人公司生产的机器人取名为“Robot”，汉语音译为“罗伯特”。这些机器人没有思维，是只管埋头干活、任由人类压榨的奴隶，能生存20年。该公司因此生意兴隆。后来因为一个极其偶然的原因，机器人开始有了知觉。他们不堪忍受人类的统治，不甘愿做人类的奴隶，于是，机器人向人类发动攻击，最后彻底毁灭了人类。“机器人”这个名字也由此正式产生。

在我国古代也进行过机器人的研究和应用，如西周时期的偃师就研制出能歌善舞的伶人，这是我国最早记载的机器人；东汉时期张衡发明的指南针，就是世界上最早的机器人雏形；到了三国时期，诸葛亮将他发明的木牛流马作为战争运输的工具，这是机器人在战争中的第一次应用。

丁丁和罗博的足迹

2011年10月，在天津举办的第十三届国际机器人奥林匹克竞赛中国区竞赛中，薛羽淇获得不编程轨迹赛项目银牌，王瀚石、姚逸辉获得挑战赛项目铜牌，申骐源获得清障赛项目铜牌。

第三关　画最大圆

连闯两关的丁丁和罗博，并没有迫不及待地进行第三关的研究。他们反复练习了一周之后，才第三次召唤机器人NPC，重新踏上闯关之旅。

过关要求

丁丁和罗博来到第三关前，看到如下文字描述:先制作一个边长为100厘米的正方形，并设定一个起始位置，让机器人在这个正方形内走出一个最大内切圆的轨迹。

闯关探究

对于这个描述，丁丁和罗博有些迷惑了。这里面有他们太多未知的概念。但这似乎没有难倒他们，两个人边商量，边用百度搜索起来。

丁丁和罗博首先经过一番思考和商量之后，他们最终认为最大内切圆是他们的拦路虎，于是用百度在网络上对“最大内切圆”这个词条进行了搜索。他们得到的答案是：在正方形内要画一个最大的圆，这个圆应该有四个位置跟正方形的边有重合，这四个重合的位置应该在每条边的正中间。

有了这个结论后，他们两个进行了简单的分工后就开始忙碌了起来。

场地布置

这次罗博从丁丁手中抢来了布置场地的任务，他卯足劲儿要把场地设计得比丁丁设计的更漂亮。

罗博找来剪刀、米尺、黑色胶带和红色胶带，一板一眼地干了起来。他先在地上用米尺画出了一条1米的线段，然后贴上黑色胶带，接下来在画第二条线段的时候，迟疑了起来。要保证贴出来的这条边跟先前的那条边形成一个直角，这有些难度。罗博尝试了几次，都不太满意。

思前想后，最后他拿出课本当作参照物，摆在第一条黑色边的一端，然后比上米尺，画出线段，再小心翼翼地沿着书本的边缘，用黑色胶带贴出第二条边，才算是解决了这个问题。

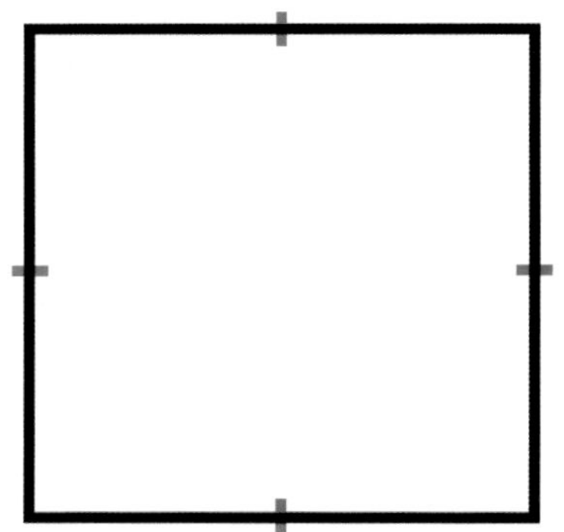

接下来的工作，罗博很快就完成了正方形的制作。最后他还用红色胶带在每条边的中间位置贴出了一个提示点。

看到丁丁还在研究程序，就来到了丁丁面前。

机器人设计

因为此任务对机器人的搭建要求并不是太高，所以丁丁没有在机器人搭建上花费太多的时间，直接选择了最基础的EV3基础小车作为本关的闯关小车。

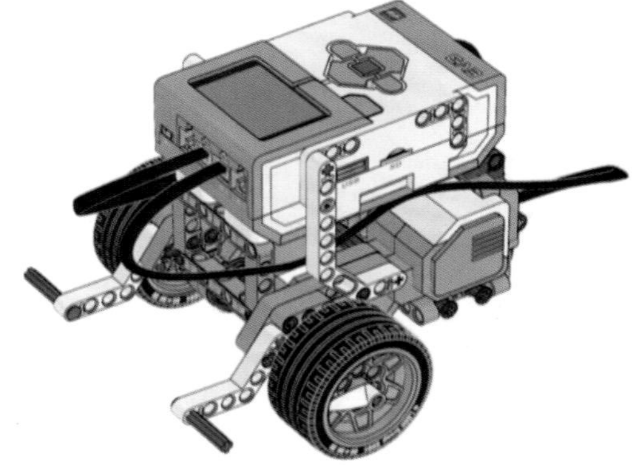

EV3基础小车

程序分析

罗博来到之前，丁丁已经对程序进行了一段时间的研究，但是整理不出太多的思路。看到罗博走来，他迫不及待地喊到："快来快来，这一关有点儿意思。"

"前进和转弯，咱们在解决的时候都还算简单，这里要让机器人走一条曲线，设置起来感觉好难啊。"丁丁接着说出了自己的感受。

"也许并不难，只是我们的思考方向不对，咱们再重新研究一下前进和转弯的马达设置吧。"罗博并没有被丁丁的话吓倒，而是说出了自己的想法。

于是两人又开始从前进和转弯的设置中开始寻找解决问题的思路，并且一边讨论，一边把自己当做机器人走来走去和转来转去。

在罗博一遍遍的演示中，丁丁突然叫停了罗博的动作："停！你尝试着两条腿都往前迈，但一条腿迈得快一些，另一条腿迈得慢一些。"

在丁丁的提示下，罗博进行了尝试，他们发现：如果这么走一段时间，罗博走出的是一条弧线，而不是一条直线，也不是原地转圈。两个人同时好像意识到了什么，一起大喊起来："问题解决啦！"

程序设计

于是，他们编写的第一个程序很快就出来了。

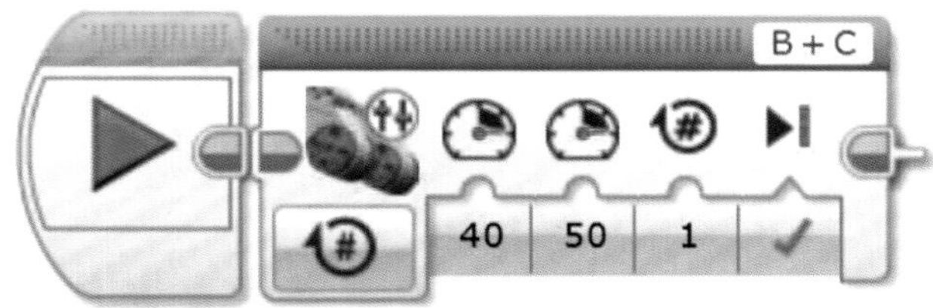

两人将机器人放在地上，运行了一下，发现机器人的确是走出了一段弧线，虽然弧线长度有点短，但两人还是忍不住击掌相庆。

接下来他们又对程序进行了修改，加了一个永远循环，并将参数设置改为"开启"。正如他们所预期的，机器人在地上画起了圆。

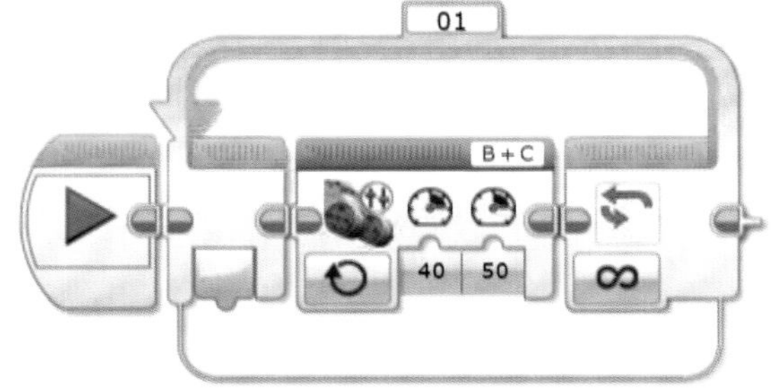

两人再一次地击掌相庆。

但他们也知道，任务并没有完成。接下来他们的工作更考验他们的耐心：一遍遍修改参数，直到能找到一组合适的参数，让机器人的轨迹将整个四边形的四条边都重合为止。

训练道场

1. 机器人走弧线的时候，两个马达的功率差和弧线的弧度是什么关系？

2. 直线是否可以理解为一种特殊的弧线？

3. 利用本节课尝试的内容，能不能让机器人走出一条“S”形曲线？

4. 在一些机器人的教材中，有一个“8”字舞的任务，你了解“8”字舞吗？你知道如何让机器人跳出“8”字舞？

关外链接

趣味知识

什么是机器人？

我国科学家对机器人的定义如下：机器人是一种自动化的机器，所不同的是这种机器具备一些与人或生物相似的智能能力，如感知能力、规划能力、动作能力和协同能力，是一种具有高度灵活性的自动化机器。

机器人按功能可分为两大类：工业机器人和特种机器人。工业机器人主要用于工业生产中，如焊接机器人、包装机器人、分拣机器人等。特种机器人主要用于除工业生产以外的地方，如农业、军事、医疗、家庭、娱乐、科研等方面。不同类型的机器人如下图所示。

汽车工业机器人

剪羊毛机器人

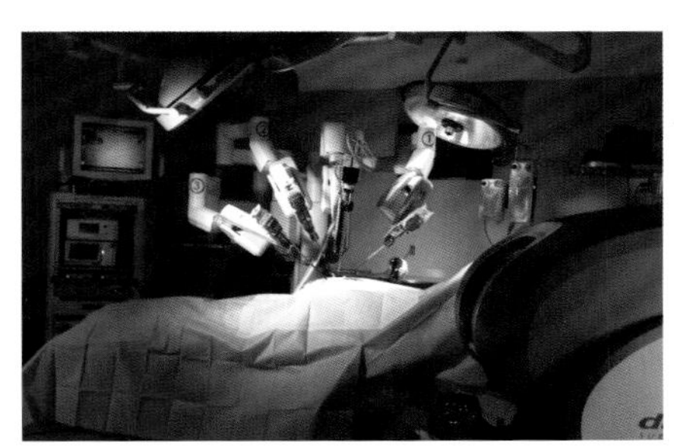

医疗机器人

清洁机器人

随着信息技术和人工智能技术的飞速发展，在20世纪80年代，将具有感觉、思考、决策和动作能力的系统，集机械、电子、传感、计算机、人工智能等许多学科研究成果于一身，通过软件编程控制，完成需要一定智能为基础任务的自动化机器称为智能机器人。

丁丁和罗博的足迹

2011年12月，在印度尼西亚雅加达举办的第十三届国际机器人奥林匹克竞赛国际赛中，我校申骐源、朱瑞泰分获挑战赛项目的第二名、第三名，并为我校获得一枚银牌和一枚铜牌。

第四关 牛刀小试

对于第三关的任务，丁丁和罗博费了九牛二虎之力，总算完成。他们在训练道场进行强化训练之后，又去召唤机器人NPC了。

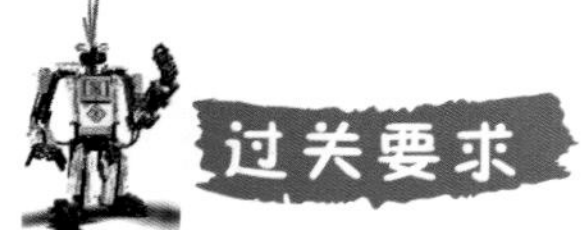

在这一关中，机器人NPC的屏幕上出现了一幅图和一句话：把下面的四个圆柱体逐个推出圈外。

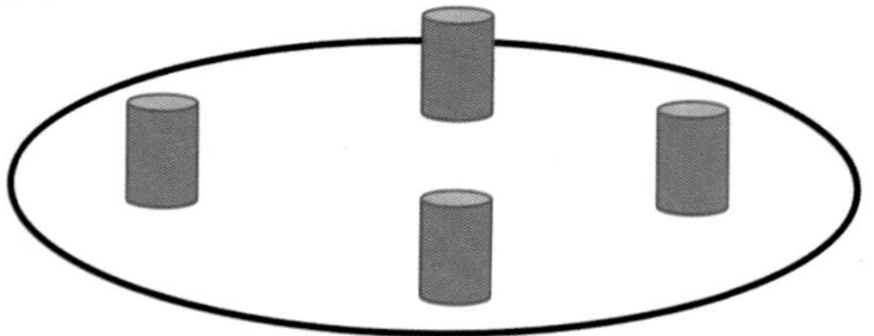

这下子有的玩儿了，仅仅是场地的制作，就够丁丁和罗博忙碌一阵子的啦。于是两个人首先对场地的制作和道具的制作进行了分工。

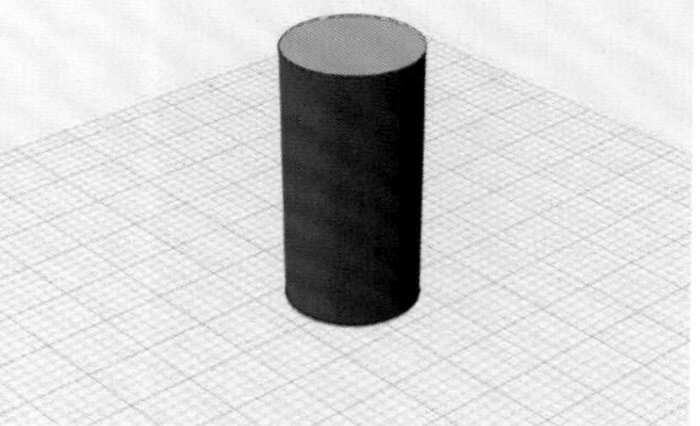

场地布置

丁丁从百度上找到了画圆的方法后，找来了黑色胶带、直尺、剪刀、一卷装订线和一支铅笔，便开始忙碌了起来。

首先，他截取了一段60厘米的装订线，将铅笔绑在装订线的一端，把装订线的另一端用黑色胶带固定在地板上。然后，他以固定点为圆心，以装订线的长度为半径，在地板上画了一个圆。

接下来，丁丁沿着笔迹，用黑色胶带围出了一个自认为还算标准的圆。

罗博打开三维图形制作软件，设计了一个直径为5厘米、高度为10厘米的圆柱体，并启动3D打印机，直接打印出圆柱体。

最后，四个自己设计的圆柱体和自己设计的圆，就组成了丁丁和罗博用来闯关的场地。

机器人设计

在机器人的设计上，两个人经过一番商量，最终在EV3基础小车的基础上，加了一个用于推圆柱体的简单装置（如下图所示）。

简单改装后的EV3基础小车

程序分析

在场地和机器人都准备好之后，丁丁和罗博讨论起了程序的设计。他们很快就达成了一致意见——程序不难，难的是完成任务的策略。策略制定正确之后，程序也就很容易出来了。

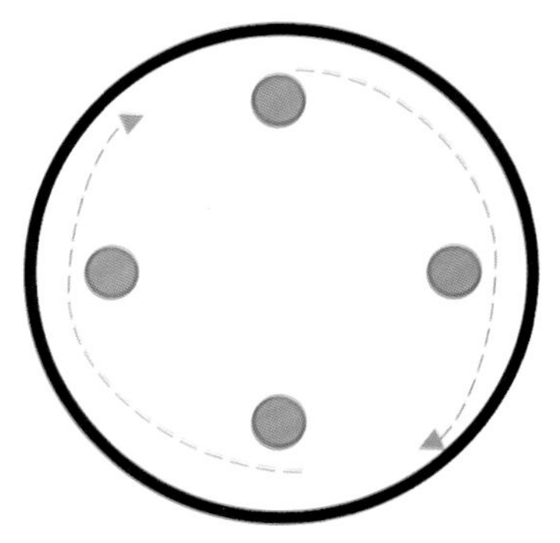

在讨论过程中，他们首先考虑的是让机器人沿着圆的外缘将圆柱体依次推出去。

这种方法程序虽然简单，但圆柱体的位置和机器人初始位置的摆放要求太高。于是丁丁和罗博根本没有尝试，就否决了该策略。

接下来根据给出的四个圆柱体的位置，他们想到了另一种方法，并最终决定尝试用该方法来解决问题。

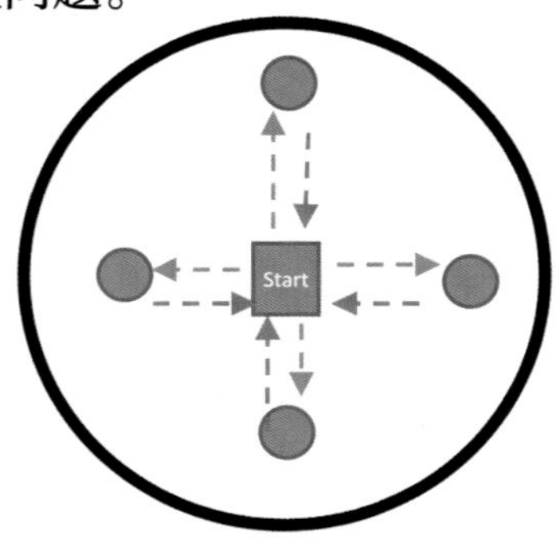

圆柱体放在两条垂直的直径上，机器人摆放在圆心位置。对于每一个圆柱体，机器人需要做的动作就是前进一段距离，将圆柱体推出去，然后再退回来。两个动作之间，用一个转90度的动作连接起来，任务也就完成了。

程序设计

丁丁和罗博根据上面的分析，编写了第一个程序（如下图所示）。

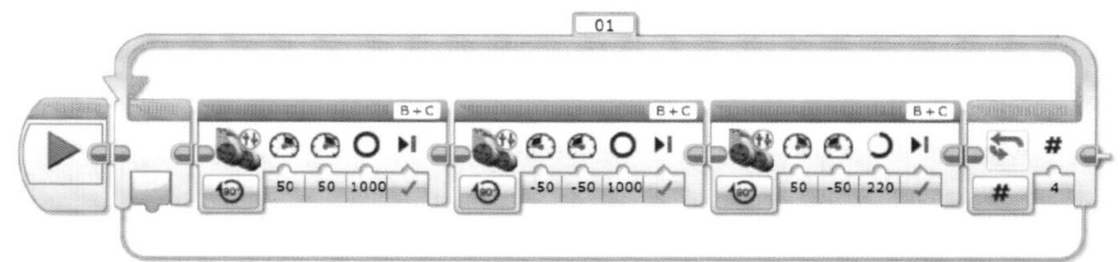

把机器人放在场地上尝试了一下，感觉他们研究策略的基本思路是对了，但机器人转向角度以及移动距离都不太准确。于是两个人又一步步地开始测试起各个模块的详细参数。最终，他们找到了合适的参数，完成了本次的闯关任务。

闯关成功之后，丁丁和罗博都深深地意识到：闯关之前的思考和论证——找到一个合适的方法后再去尝试，比不加思考地直奔问题要有效得多。

训练道场

1. 丁丁和罗博的第一个方案，是否可行，尝试一下会出现什么情景？

2. EV3基础小车左转90度，或者右转90度的模块参数设置，谁能直接回答出来？

3. 场地上的圆柱体如果摆放没有规律，这种方法的可行性是否会大打折扣？

4. 如何在机器人结构上采取措施来增加过关的成功率？

趣味知识

“牛刀小试”的由来

北宋时期，文学家苏东坡曾写过不少题赠友人的诗。一次，他的一位姓欧阳的朋友去韦城做官，苏东坡便写了《送欧阳主簿赴官韦城》这首诗，在诗中有这样两句：

读遍牙签三万卷，欲来小邑试牛刀。

（牙签指书卷，三万轴是虚数，表示数量多。）

这两句话的意思是指这位友人读了很多书，才高八斗，如今到韦城这个小地方去做官，不过是牛刀小试、略显身手而已。

在这里，“牛刀”一词比喻杰出的人才。

丁丁和罗博的足迹

2012年4月，在青岛市中小学机器人竞赛中，我校申骐源、朱瑞泰获得FLL工程挑战赛项目二等奖。

第二部分　传感器基本知识训练

传感器是一种检测装置，能感受到被测量的信息，并能将感受到的信息，按一定规律变换成为电信号或其他所需形式的信息输出，以满足信息的传输、处理、存储、显示、记录和控制等要求。

EV3机器人传感器包括触碰传感器、颜色传感器、超声波传感器和陀螺仪传感器四种。通过这些传感器，EV3机器人能够对外界场地环境做出一些简单的反馈。利用这些反馈，能够设计出不同的应对程序，让机器人来完成各种各样的任务。

可以说，有了传感器，机器人才活了起来。

本部分课程主要讲解各种传感器的基本工作原理和简单的使用方法。

机器人大闯关是一个让你更加聪明的课程。

欢迎同学们开始本部分的闯关之旅！

本部分课程包括以下四关：

- 第五关　一触即发
- 第六关　悬崖勒马
- 第七关　检测黑线
- 第八关　察言观色

第五关　一触即发

前面的连续闯关，丁丁和罗博对于如何控制机器人的运动已经有了比较深入的了解。经过一番准备之后，他们决定继续闯关。

他们召唤出机器人NPC后，突然吓了一跳，不仅机器人模样发生了改变，还多出了一堆奇形怪状的东西，而且机器人还会开口说话了。

过关要求

只听机器人NPC用金属般的声音慢慢地说道："在机器人身上安装一个触碰传感器。当触碰传感器按下后，机器人以最快的速度向前冲去。"

不习惯这个声音的丁丁和罗博，连续听了多次，才最终明白了机器人NPC的话。

闯关探究

对于EV3基本传感器的基础知识，丁丁和罗博了解得并不多。于是两人打开编程软件的系统帮助，开始搜寻关于触碰传感器的一些基本知识。

从编程软件的系统帮助中，他们了解到触碰传感器的基本用法和触碰传感器的三种状态——按下、松开、碰撞。

两个人通过百度查找一番后，开始尝试闯关。

场地布置

由于闯关任务中并没有对场地进行详细说明，所以丁丁和罗博决定，使用机器人教室的赛台作为测试场地。

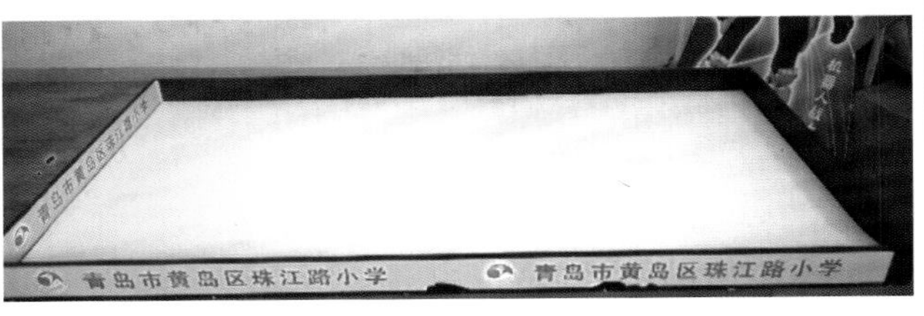

在机器人的改装搭建和程序设计中，丁丁选择了机器人搭建工作，罗博选择了程序编写工作。

机器人设计

经过反复的改装和调试，丁丁最终将触碰传感器安装在了机器人的头顶上，如下图所示。

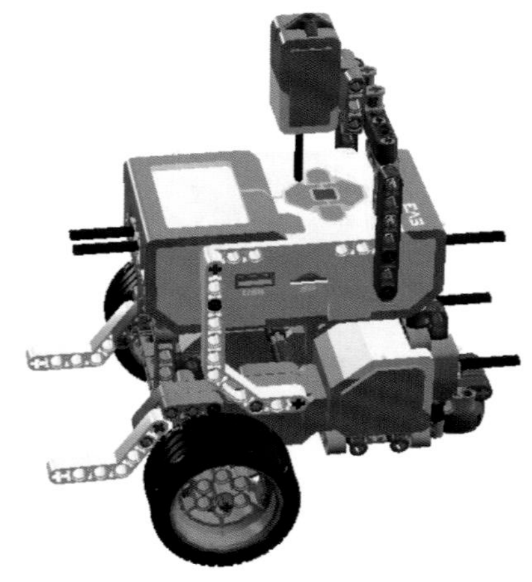

装有触碰传感器的EV3基础小车

程序分析

在丁丁改装机器人的时候，罗博也没有闲着。他继续查阅着关于触碰传感器的相关提示资料，偶尔还会通过百度搜索一些相关的专业术语知识。

在这些工具的帮助下，罗博基本上理清了思路，几乎可以确定程序只需要两个模块就可以完成任务。

第一个模块是他们从来没有用过的等待模块。其参数设置如右图所示。

第二个模块是需要添加的“移动槽”模块。

有了这个思路之后，罗博很快就完成了程序的设计。与刚刚完成机器人改装的丁丁一起测试起了程序。

程序设计

这是罗博写的第一个关于触碰传感器的程序（如下图所示）。

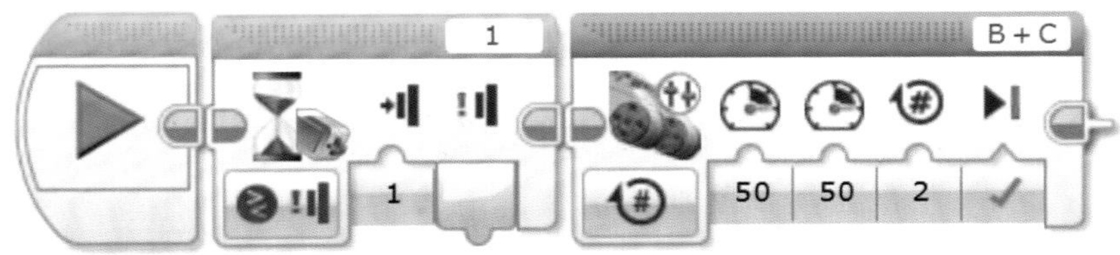

经过测试，丁丁认为程序还是有一点小问题——启动程序后，按钮刚刚按下，但手还没有拿开的时候，机器人就往前跑出去了。

虽然罗博认为这样比较好玩儿，但在丁丁的坚持下，他们还是将程序进行了修改。下面是他们修改过的程序。

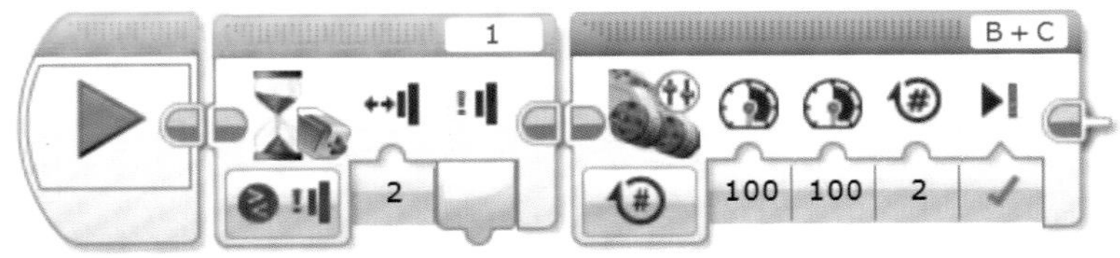

1. 如何查看触碰传感器的返回值，你知道吗？
2. 过关要求中的任务，还可以通过循环来解决，你能尝试一下吗？
3. 换一个任务：机器人一开始是跑动的，当撞到目标物后，让其自动停下来，你认为机器人该如何改装，程序该怎么设计呢？

趣味知识

全国中小学电脑制作活动简介

2000年10月25日，教育部提出“在中小学普及信息技术教育，以信息化带动教育的现代化，努力实现我国基础教育跨越式发展”战略目标。

为大力推动全国中小学信息技术教育，展示各地中小学生信息技术学习实践成果；为纪念邓小平同志“计算机普及要从娃娃做起”的重要指示发表16周年，在时任教育部常务副部长吕福源同志的亲自倡导和策划下，“全国中小学电脑制作活动”正式拉开帷幕。

2000年10月25日，教育部在北京举办了第一届“全国中小学电脑制作与设计作品制作活动”（第三届起更名为“全国中小学电脑制作活动”）颁奖仪式暨优秀作品展示会。该项活动以“教育部主办；教育部基础教育课程教材发展中心、中央电化教育馆、人民教育出版社等单位联合承办”；2005年第六届起，该项活动以“教育部主办；中央电化教育馆等单位承办”；2008年第九届活动由中央电化教育馆和教育部考试中心主办。

“全国中小学电脑制作活动”的指导思想是：“丰富中小学生学习生活；重在过程，重在参与；激发创新精神，培养实践能力，全面推进素质教育。”

“全国中小学电脑制作活动”的主题是：探索与创新。即鼓励广大中小学生结合学习与实践活动及生活实际，积极探索、勇于创新，运用信息技术手段设计、创作电脑作品，培养“发现问题、分析问题和解决问题”的能力。

珠江路小学在2014年的比赛中，获得机器人竞赛项目“九宫乐园”的省二等奖；在2017年的比赛中，获得计算机程序设计（创意编程）全国赛的一等奖。

丁丁和罗博的足迹

2012年8月，在江苏徐州举行的第十四届国际机器人奥林匹克竞赛中国区竞赛中，我校潘柏皓获得不编程轨迹赛项目的金牌，蔡玉衡获得不编程轨迹赛项目的银牌。

第六关 悬崖勒马

触碰传感器的闯关成功，让罗博和丁丁大呼过瘾。他们发现，机器人有了传感器后，才有了那么一点点智能的味道。他们非常期待下一关将会遇到什么挑战。

过关要求

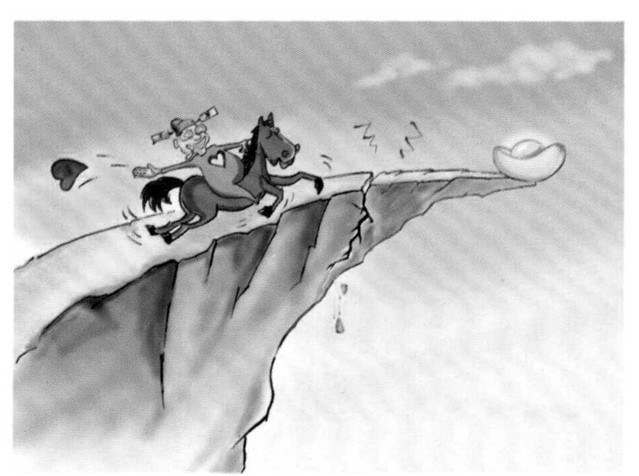

重新召唤出机器人NPC后,丁丁和罗博只听到了两个字：“看图，看图……”

两个人小声说到：“这是什么意思啊？”图画显示：马在悬崖边，骑士勒紧马的缰绳。对成语比较精通的丁丁突然喊出一个成语：悬崖勒马。

有了这个想法后，两人赶紧用百度搜索了一下这个成语，果然在百度百科中找到了相应的照片。两个人心领神会地微笑起来。

场地布置

有了思路，接下来闯关就比较轻松了。他们首先考虑拿什么来代替悬崖，最后罗博指着桌子说：“这不就是现成的吗？桌子的四周都可以当做悬崖。”

场地的问题就这样在他们的讨论中给解决了，接下来他们进行机器人的改装。

机器人设计

看着现场有的传感器，丁丁和罗博这次犯了难——用哪个传感器好呢？两人于是把传感器一个个安装在主机上，查看它们的返回值。

他们最终发现，触碰传感器解决这个问题有些难度。但其他的传感器怎么使用呢？他们不得已又打开程序的帮助文件，翻阅各个传感器的相关知识介绍。

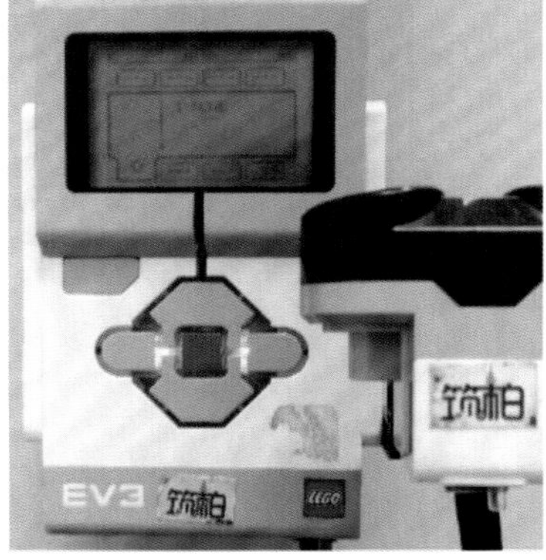

最后他们确定使用超声波传感器。因为他们看到了如下内容：

使用超声波传感器

超声波传感器可以测量与前方物体之间的距离。实现方式是发送出声波并测量声音反射回传感器所需的时间长度。声音频率太高，您无法听见（“超声波”）。

可以按英寸或厘米为单位测量与对象之间的距离。例如，可以使用此传感器使机器人在距离墙壁的特定距离处停止。

还可以使用超声波传感器检测附近的其他超声波传感器是否正在运行。例如，可以使用此传感器检测附近是否存在正使用超声波传感器的其他机器人。在此“仅侦听”模式中，传感器会侦听声音信号，但是不发送这些信号。

> 超声波传感器数据

超声波传感器可以提供以下数据：

数据	类型	范围	备注
距离（厘米）	数字	0 至 255	与对象之间的距离（以厘米为单位）。
距离（英寸）	数字	0 至 100	与对象之间的距离（以英寸为单位）。
检测到超声波	逻辑	真/伪	如果检测到其他超声波传感器，则为“真”。

提示和技巧

- 超声波传感器最适用于检测具有可良好反射声音的硬表面的物体。软物体（如布）可能会吸收声波，而不会被检测到。具有圆形或有角表面的物体也较难以检测到。
- 该传感器无法检测非常接近于传感器（大约 3 厘米或 1.5 英寸以内）的物体。
- 该传感器具有较宽“视野”，可以检测靠近侧面的较近物体，而不是直线前方的较远物体。

使用哪个传感器的问题解决了，他们又开始考虑传感器如何安装。他们第一次改装的机器人如下图所示。

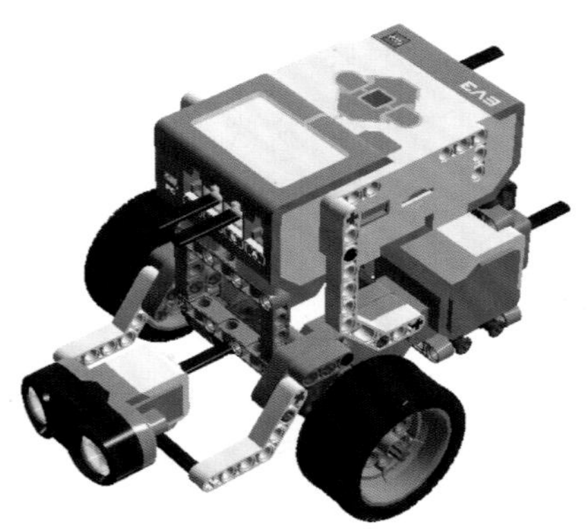

但丁丁很快就否决了自己的设计，因为这样安装传感器，无论机器人在桌子边缘还是在桌子中间，返回时都是一样的。

于是他们又对机器人进行了改装，变成了下面的样子。

经过测试，机器人在桌子中间的时候，超声波传感器的返回值大约在5厘米，而机器人在桌子边缘的时候，超声波传感器的返回值一下子增大到了70多厘米。

两人再一次为他们找到了一个好的解决方法而微笑了起来。

程序分析

机器人搭建完之后，两个人讨论起程序的设计来。丁丁的想法是直接套用上一关的程序，将触碰传感器直接改为超声波传感器，就能闯关成功。

而罗博有不同的想法，他说："上一关，机器人一开始的时候是不动

的，所以才那样设计，而这一关机器人一开始应该是动的，看到悬崖的时候才停下来。上一关的程序可以参考，但两个模块的顺序得调换一下。”

丁丁想了想，觉得罗博的想法从道理上讲更准确，于是两人按照罗博的想法开始设计程序。

程序设计

程序设计出来了后，两个人迫不及待地去尝试，但测试结果是机器人没有在桌子边缘停下来，而是直接摔到了地上。

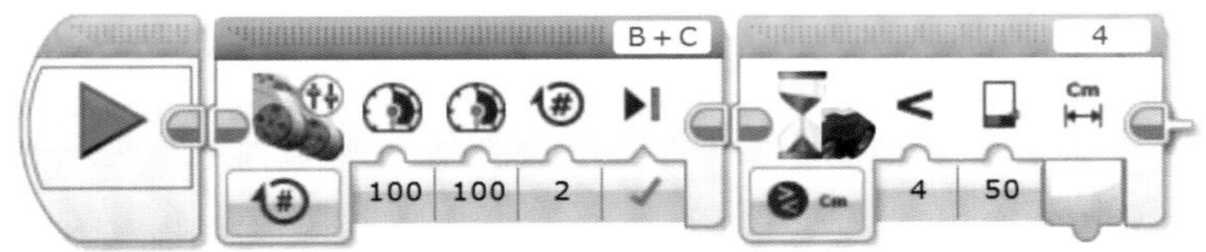

两个人都有些灰心，把摔坏的机器人捡了起来，重新组装好之后，回过头来又翻阅系统帮助中给出的程序样例，终于发现了问题——“移动槽”模块的参数设置有问题——不应该再用圈数了，应该直接使用“开启”。于是，他们修改后的第二个程序诞生了。

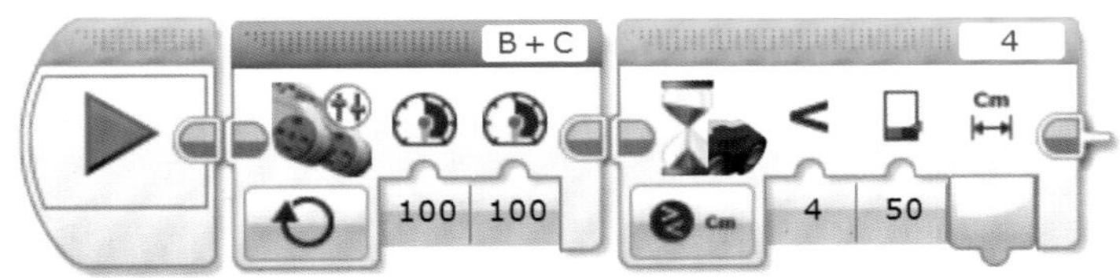

第二次测试的时候，两个人做了分工。丁丁负责启动机器人，罗博提前在桌子边缘站好负责万一机器人再掉下来时好把它接住。

机器人启动后，朝桌子边缘走去，两个人提心吊胆，生怕再失败。眼看着机器人走到了桌子边上，他们心里祈祷着机器人千万别掉下来。但是事与愿违，第二次尝试又失败了。

但跟第一次测试不同，罗博接住了掉下来的机器人，并且发现在掉下来的瞬间机器人马达停止了转动。于是，他立即跟丁丁说：“程序有反应了，我们的思路是对的，我们可能又输在了细节上。”

于是丁丁又开始翻阅系统帮助，而罗博则用百度搜索答案。经过一番努力后，他们在原来的程序基础上，又进行了简单的改进。

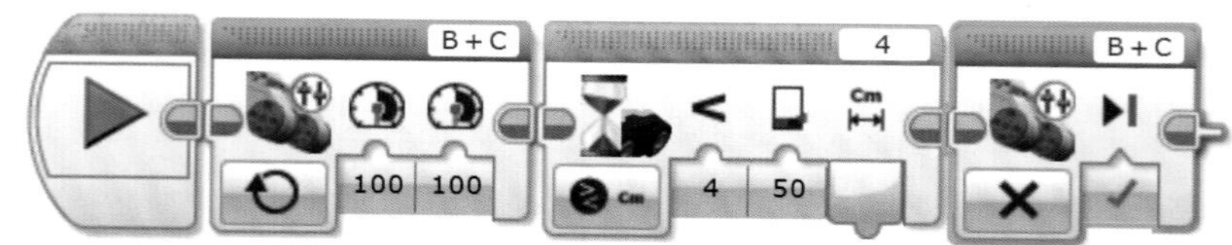

进行第三次测试时，两人还是有些紧张。但是，当他们看到机器人在桌子边缘顺利停下来时，两个人同时欢呼了起来。

训练道场

1. 你知道如何查看超声波传感器的返回值吗？

2. 传感器的端口号很重要，程序中的端口号一定要和主机上的端口对应起来，你在训练过程中有没有遇到这样的问题？

3. 你能解释一下上面闯关要求中的第二个程序为什么不行，而第三个程序为什么就好用吗？

4. 如果闯关要求复杂一些，如让机器人在桌子上前进，遇到边缘就转到另一个方向上继续前进，那么你能设计出程序来吗？

关外链接

趣味知识

超声波的测距原理

超声波是指频率高于20千赫的机械波。而倒车时，为了防止车撞上障碍物，需要测量障碍物到车之间的距离，这就需要使用超声波传感器。超声波传感器又称为超声波换能器或超声波探头。超声波传感器包括超声波发送器和超声波接收器。一个超声波传感器能够具有发送和接收声波的双重作用。

超声波传感器是利用压电效应的原理将电能和超声波相互转化，即在发射超声波的时候，将电能转换成振动发射超声波;而在收到回波的时候，则将超声振动转换成电信号。

超声波测距的原理一般采用渡越时间法（TOF,time off light）。超声波发射传感器向某一方向发射超声波，在发射同时开始计时，超声波在空气中传播，传播的途中碰到障碍物就立刻返回来，超声波接收器接收到反射回来的波就立即停止计时，计算出超声波从发射到遇到障碍物返回时所用的时间t，常温下超声波在空气中的传播速度为v=340米/秒，根据公式$s=v\times t/2$，就可以计算出障碍物到超声波传感器之间的距离。

丁丁和罗博的足迹

2013年，我校参加青岛市中小学机器人竞赛，获得FLL工程挑战赛项目二等奖、创意项目二等奖；参加山东省青少年机器人竞赛，获得FLL工程挑战赛项目二等奖。

第七关 检测黑线

到现在为止，丁丁和罗博已经研究了两个传感器的基本用法。通过对这两个传感器的研究，他们发现目前所掌握的关于机器人的基本知识是少之又少。这种认识不但没有打击他们的学习欲望，反而更激发起他们的学习热情。

在对超声波传感器进行了一段时间的训练之后，他们又踏上了闯关之路。

过关要求

在第七关的关卡前，丁丁和罗博接收到的是这样一段文字描述：机器人其中的一个传感器具有颜色识别的能力，通过其反射光值的大小，能很容易区别出场地地面颜色和线条颜色的不同。请尝试利用该传感器，完成机器人感知到场地颜色变化后停止的任务。

通过分析这段文字描述，丁丁和罗博很快就统一了意见，这一次他们用到的这个传感器与颜色有关，并且很快就锁定了颜色传感器。

于是两人又查阅了颜色传感器的相关资料，得知颜色传感器有三种使用方法，分别是：颜色模式、反射光模式和环境光模式。他们经过学习很快掌握了获取不同模式下传感器返回值的方法。

闯关探究

丁丁和罗博并没有急于完成通关任务，而是先在一起讨论了好久。通过讨论，他们确定了场地的设计方法、机器人的改装要求。于是两个人分头行动起来。

场地布置

丁丁找好了剪刀、黑色胶带、直尺等工具，来到赛台场地前，在赛台的中间，用黑色胶带贴出了一条黑线。

看到罗博还没有完成机器人的改装工作，丁丁于是又在赛台上用红色胶带贴出了一个正方形区域用于作为机器人出发的起始点。

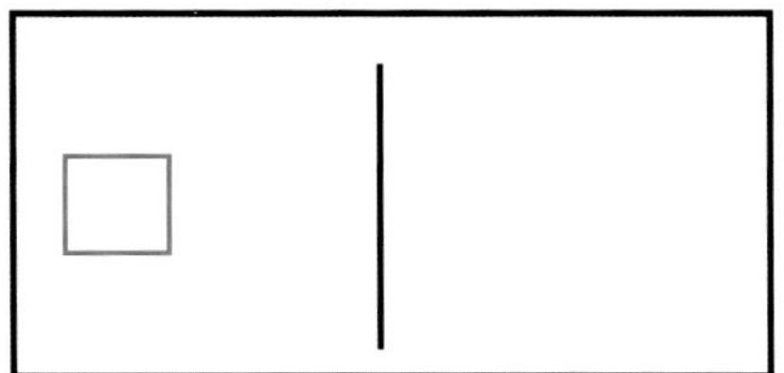

机器人设计

经过一番努力的尝试，罗博最终将机器人改装成如下样子。

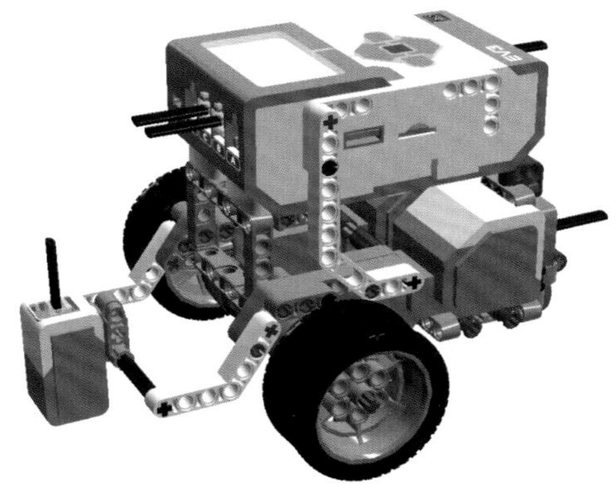

这时，丁丁正好完成场地的布置，走了过来。看到罗博改装的机器人，不禁问道："颜色传感器上不是有个十字孔吗，为什么不直接用那个十字孔呢？"

罗博一脸无奈道："我也想省点力气来解决问题啊。可是你看，如果用这个孔，颜色传感器就直接贴地了。我刚才测试过了，贴地后检测到的值变化不明显。"

边说，罗博又一边比划着给丁丁演示了一遍。丁丁这才恍然大悟，看似简单的背后，原来还有这么多的知识在里面啊 。

程序分析

完成了前面的准备工作，丁丁和罗博又一起讨论起了程序的编写。这时，丁丁的经验主义又来了。

“我认为上一关中的那个程序经过简单的修改，就能解决这个任务。”

“你是说把等待模块的超声波传感器判断改为颜色传感器判断吗？”

“是的，咱们试试看。”

做了一番思考的罗博，最终也认为丁丁的话有些道理，于是两人一起测试了起来。

程序设计

他们的第一个程序很快就完成了。

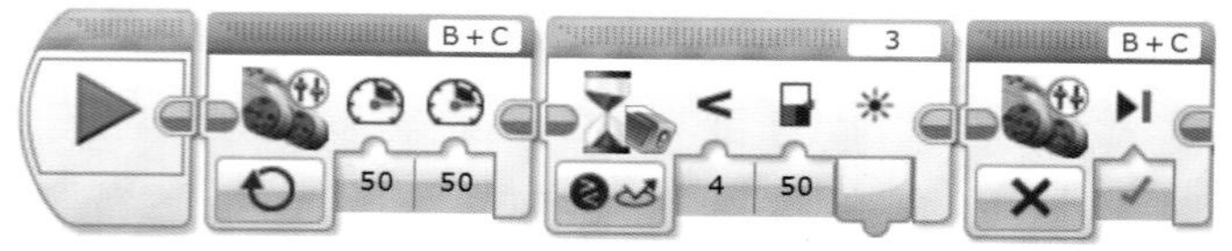

两人来到场地上进行了一番测试，果然好用。

这时候罗博突发奇想，如果黑线换成了其他颜色的线，是否也能行呢？罗博把这个想法告诉了丁丁，于是两个人又开始尝试了起来。

最后的结果是：有些颜色的线可以，而有些颜色的线不行。

实验的结果让他们又陷入了深深的思考之中。他们边思考，边测量不同颜色的线条的返回值。他们渐渐地找到了一点线索：线条颜色的返回值比50大的都不行，比50小的都可以。

通过百度搜索，他们找到了别人的一条经验：颜色传感器反射光的中间值=（场地颜色值+线条颜色值）÷2。这个中间值指的就是等待模块中设定的那个比较值，也就是上图中的50。

有了这条经验，丁丁和罗博马上进行了场地颜色值和线条颜色值的检测，并且通过计算得到中间值，拿着这个中间值去修改程序，然后再进行程序测试。

这条经验果然好用！

在这一关中，丁丁和罗博深深体会到：通过类比的方法来解决问题，会事半功倍；遇到问题，主动寻求别人的经验和帮助，也会收到奇效。

训练道场

1. 你知道如何检测颜色传感器的反射光值吗？

2. 上述闯关用到的程序中，中间值是一个非常重要的参数，你知道为什么用上述公式吗？

3. 颜色传感器的反射光值的取值区间是0~100，0代表什么颜色，100又代表什么颜色？

4. 若用颜色传感器来完成“悬崖勒马”关卡的任务，能通关吗？

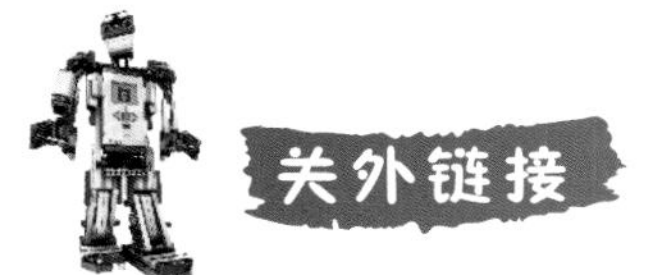

趣味知识

机器人发展史

许多历史资料都有关于机器人的描述，如古希腊的青铜人“太罗斯”，日本的自动灌溉玩偶等。但真正实用的机器人，是美国生产的第一台工业机器人（尤尼梅特）。1962年，美国机器与铸造公司又生产出“沃萨特兰”（意思是万能搬运）工业机器人。接着，日本、苏联及欧洲许多国家也相继研制成功多种工业机器人。到20世纪70年代末，机器人设计和制作技术才得到巨大的发展。

20世纪80年代，计算机技术和传感器的发展推动了机器人的发展。第一代有感觉的机器人陆续研制成功，如美国1989年出现的能为老人和病人服务的机器人，能拨打电话、打印文件的秘书机器人。它们都具有一定的识别判断能力。

进入20世纪90年代，小型轻型机器人开始出现。1991年，日本生产出一种擦窗玻璃机器人。它仅有410毫米长，200毫米宽，125毫米高。苏联则生产出一种很轻的自由移动机器人，这类机器人能在特殊的环境中完成给定的任务。

目前世界机器人数量已超过75万台。21世纪，人们需求的变化和技术的发展必将加快更多、更先进机器人的诞生，而机器人研究开发工作将更具有吸引力和挑战性。

丁丁和罗博的足迹

2013年8月，在浙江温州举办的2013年APRC机器人竞赛中国公开赛中，我校薛羽淇获得机器人极速竞赛项目的金牌，阳易显、苏宇轩、崔文博获得机器人篮球赛项目的金牌。

第八关 察言观色

完成上一关的任务后，丁丁的想法是乘胜追击，继续前进。但罗博却想暂缓一下，整理一下这几次闯关的心得和经验。

没有了罗博的配合，丁丁也无法独自闯关，于是简单的休整开始了。

休整过后，他们又走上闯关之路了。

过关要求

在这一关中，机器人NPC给出的文字描述是：机器人能够说出红球和蓝球的颜色，并进入对应的红色区域和蓝色区域。

闯关任务书也给出了机器人场地的图例。

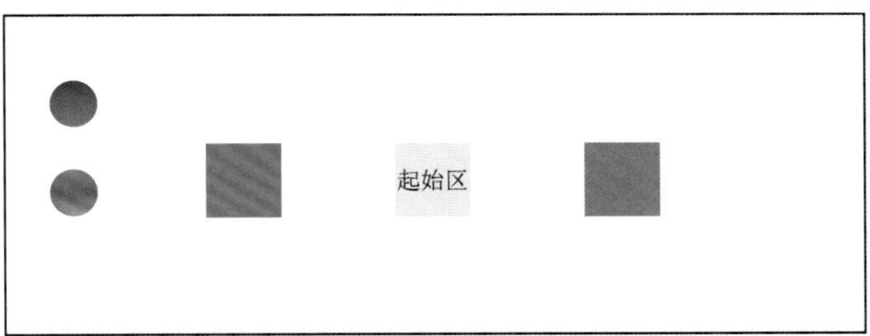

从关卡描述和图例中，丁丁和罗博整理出了如下信息：

- 机器人的摆放位置在红色区域和蓝色区域中间；
- 机器人需要发音；
- 机器人需要做出动作；
- 机器人需要识别红球和篮球。

两个人你看看我，我看看你，都认为信息量有些大。虽然他们有少许的畏难情绪，但是这并没有阻止他们继续前行！

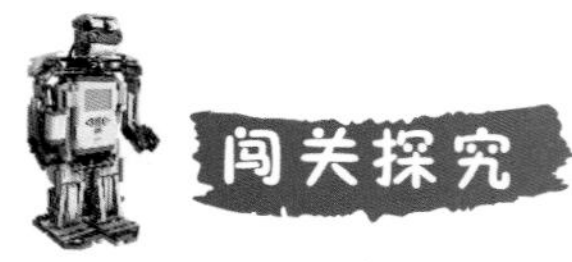

闯关探究

丁丁和罗博首先研究了程序中的发声模块，发现并不难掌握，并且发声模块中已经带有了识别各种颜色的声音，这让他们松了一口气。

接下来，罗博去找红球和蓝球并按照图例制作场地，丁丁对机器人进行改装。

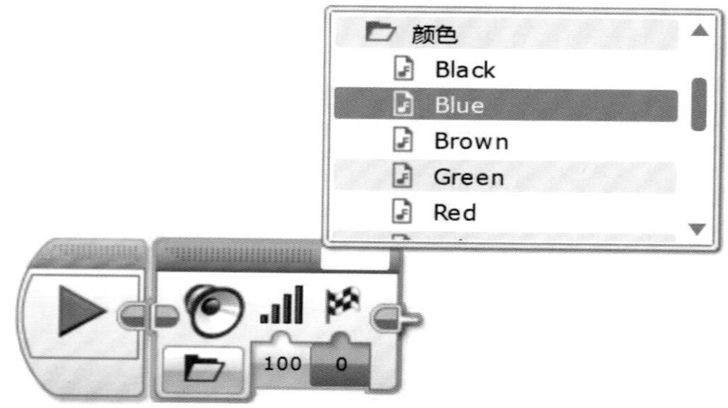

场地布置

经过一番忙碌，罗博的场地制作任务完成了。

虽然跟关卡中的图例稍微有些不同，但对于满足机器人完成任务的要求，已经足够了。

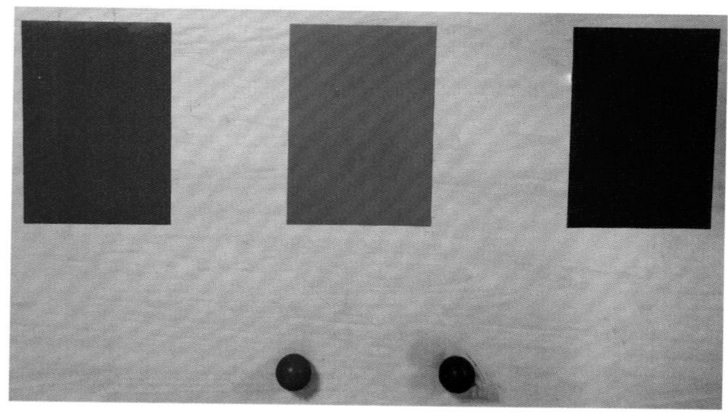

机器人设计

机器人的改装工作也非常顺利，丁丁很快就完成了。

看到丁丁改装的机器人，罗博说了一句：“真有你的。”

丁丁也毫不示弱，笑着说道：“经验的积累很重要，利用积累的经验快速完成任务，也是能力的体现。”

听到这里，罗博也笑了起来。他认为丁丁的话一点儿也没错！

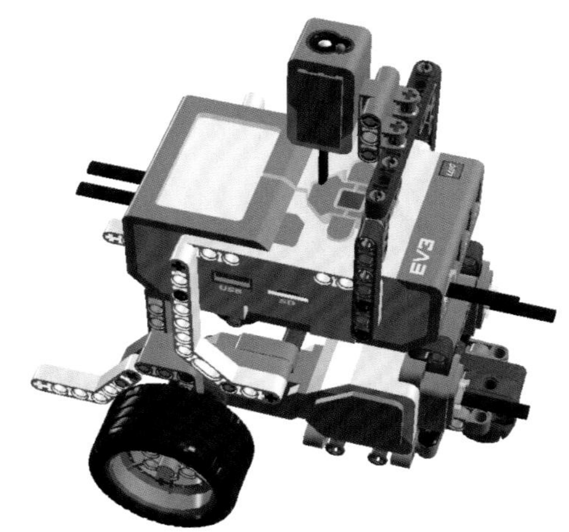

程序分析

丁丁和罗博完成基本的改装和场地布置后，你一言我一语地讨论起程序的设计来。

罗博认为遇到了前所未有的情况，先前的经验已经无法解决此次遇到的问题。“这次的闯关，让机器人根据不同的情况做出不同的动作，好像跟前面的所有任务都有所区别。”罗博说道。

“这个我知道，在编程软件中有个切换模块，前段时间休整的时候我研究过它。”丁丁一脸卖弄的表情说道。

罗博心有不甘地说道：“看来这次只能洗耳恭听了。”

丁丁一边比划一边说道：“你看，切换模块设置为‘颜色传感器相关’，然后红色的时候做红色的动作，蓝色的时候做蓝色的动作……”

程序设计

他们的第一个程序很快就完成了。

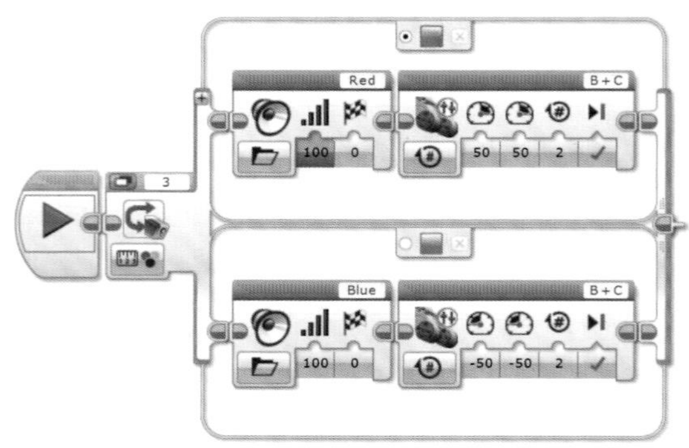

两个人来到场地上进行测试，发现不怎么好用：球还没靠近，机器人就做出了判断，并执行动作了。

若提前把球放在传感器旁边，但球位置放不对时，也会出现问题。

这说明程序思路是对的，但可能还有些地方没有思考明白，于是两人又开始了一番唇枪舌战的讨论。

最后讨论的结果是：在这个切换模块前面，再加一个等待模块；等小球离传感器足够近的时候，才交由切换模块进行判断。

于是，他们的第二个程序就这样诞生了。

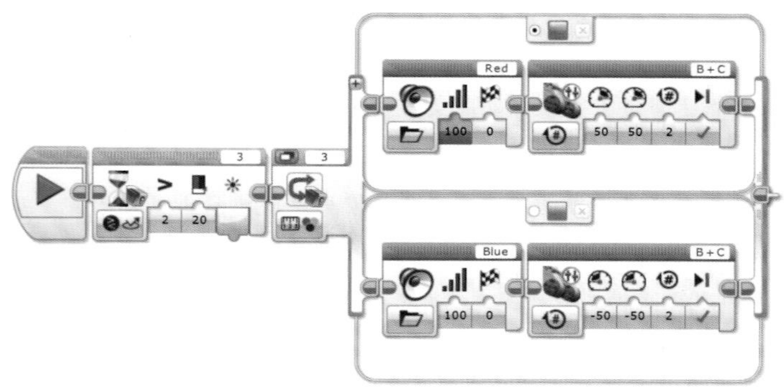

带着修改后的程序，他们又进入了场地进行测试，这次机器人的表现好多了。

训练道场

1. 当机器人需要根据环境值做出不同动作的时候，切换模块是否起作用？

2. 切换模块是一个很重要的模块，能尝试用其他传感器来测试一下切换模块的使用吗？

3. 知道上面程序中的等待模块起什么作用吗？为什么用反射光，而不是用颜色呢？

4. 如果再加上一个黄球，上述程序的设计该做出什么变化呢？

趣味知识

机器人三定律

科幻小说家以阿西莫夫在小说《我，机器人》中所订立的“机器人三定律”最为著名。阿西莫夫为机器人提出的三条定律（law），程序上规定所有机器人必须遵守：

第一法则，机器人不得伤害人类,且确保人类不受伤害。

第二法则，在不违背第一法则的前提下，机器人必须服从人类的命令。

第三法则，在不违背第一及第二法则的前提下，机器人必须保护自己。

“机器人三定律”的目的是为了保护人类不受伤害，但阿西莫夫在小说中也探讨了在不违反三定律的前提下伤害人类的可能性，甚至在小说中不断地挑战这三定律，在看起来完美的定律中找到许多漏洞。在现实中，“机器人三定律”成为机械伦理学的基础，目前的机械制造业都遵循这三条定律。

丁丁和罗博的足迹

2013年12月，在新加坡举办的2013亚太机器人公开赛中，我校陈业元、王蓬辉和阳易显、苏宇轩、崔文博包揽机器人篮球赛项目的金银牌；于欣炫、沈琦和高子晗、邢钰尧包揽机器人极速竞赛项目的金银牌。

第三部分　传感器进阶知识训练

上一部分课程讲授的内容，涉及了几种传感器的简单用法，在本部分接下来的几个关卡中，将涉及与传感器有关的更复杂的组合应用。

在本部分课程中，有关机器人的搭建方面上，提出了更高的学习要求。

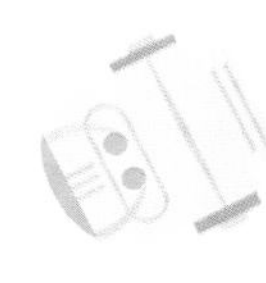

机器人大闯关是一个让你更加坚强的课程。

欢迎同学们开始本部分的闯关之旅！

本部分课程包括以下四关：

- 第九关　练折返跑
- 第十关　画地为牢
- 第十一关　进退自如
- 第十二关　定点巡航

第九关 练折返跑

经过一段时间的训练和调整，丁丁和罗博的闯关之旅又开始了。

这次的机器人NPC 与前面几关中的又有所不同，这次机器人NPC除了能会话外，它的手也可以挥动了。只见它便挥手边慢条斯理地说道："闯关要求在我手中，闯关要求在我手中……"

丁丁走过去，从机器人手中接过闯关任务书，打开闯关任务书后便仔细地阅读了起来。

过关要求

在一个长120厘米、宽40厘米的场地上，两头有10厘米高的围墙。机器人从场地的一端出发，碰到另一端围墙后返回，如此往返，坚持一分钟就算是通关成功。

闯关探究

读完任务书，丁丁说了一句："这不就是折返跑嘛，没什么难度。"

罗博接话道："让我们来跑肯定没问题，但让机器人来跑难度不小啊。"

"有什么难度，一个触碰传感器，加上一个180度的转弯，问题就解决了。"一向快人快语的丁丁说道。

"你去看看场地怎么做，我来改装机器人。"被丁丁这么一安排，罗博把本想说的话又咽了回去。他走到场地旁，看看如何设计场地才能符合相关要求。

场地布置

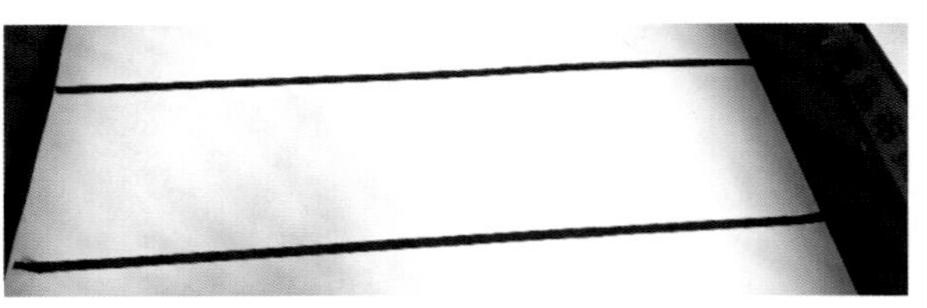

罗博在场地区寻找了好长一段时间，都没有找到合适的场地板，于是干脆放弃了寻找，决定亲自对场地进行修改。他用两条黑色胶带贴在赛台场地上，将两条胶带之间的宽度设为40厘米，利用赛台的宽度作为场地的长度，利用赛台的围墙作为场地两边的围墙。

看着改装好的场地，罗博得意地笑了起来。

机器人设计

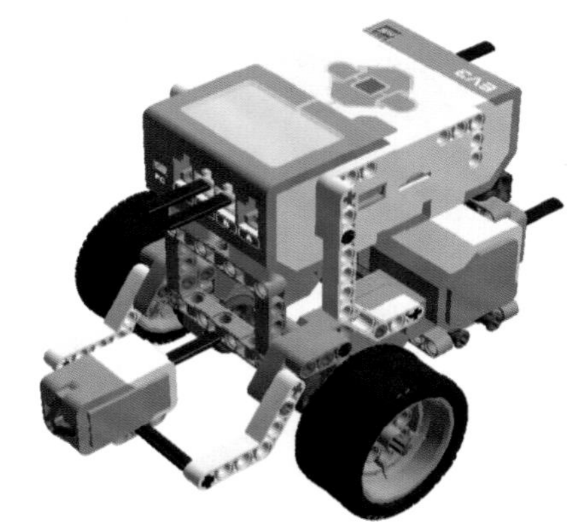

丁丁把触碰传感器安装到了机器人的头部位置，其目的是确保触碰传感器能碰到围墙。

程序分析

丁丁看着罗博制作好的场地，说了一句：“你还挺会变通的啊。”

罗博解释道：“场地区虽然没有找到合适的木板，但是咱也不能不闯关了啊。你看，这两条黑线代替场地的两条边，两头又有围墙，可以让机器人检测到，这样就行了。”

丁丁认为罗博说得没错。两人并没有在场地上继续纠结下去，随后开始讨论起了程序的设计问题。

“机器人碰到围墙停止的程序可以参考悬崖勒马关卡中的那个程序段，只要改一下传感器就可以了。”

“触碰传感器选择按下，还是碰撞？如果选择按下，会不会太灵敏？”

“咱们试试再说吧，按下不行，咱们就改为碰撞，怎么好用怎么来。”丁丁说道。

“接下来就是转向的问题了，转180度，如果转不好，没几次就掉下去了。”罗博改变话题说道。

“没事，大不了多试几次呗。”丁丁答道。

……

程序设计

在讨论的过程中，他们设计的第一个程序完成了。

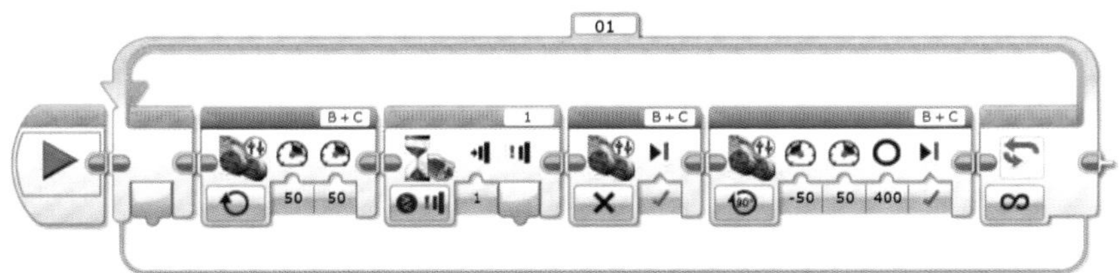

丁丁迫不及待地拿着下载好程序的机器人来到场地上测试，罗博也急忙跟了过来观看测试情况。他们发现，机器人走到围墙能够停下来，但它转向的时候被围墙挡住了。

罗博一眼看到了症结所在，说道：“碰到围墙后，让机器人后退一点点再转向，就没有问题了。”

于是他们又回来修改了程序，将程序重新下载后的机器人拿到场地上再次进行测试。

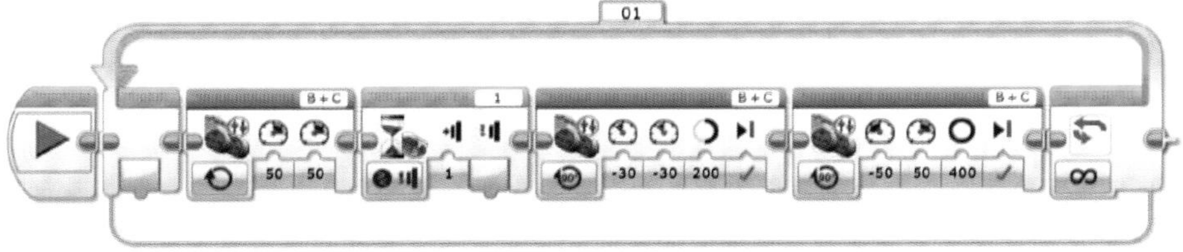

这次机器人的表现比上次的表现好多了，但是机器人仍然没有能够坚持一分钟。这次问题出在机器人的转向上，机器人总是不能够很好地转180度，再加上累积误差，没几个回合，机器人就离开场地了。

两人在转向模块上，经过大量的调试、多次地修改数值，最后终于通关，但耗费的时间比他们预期的要多得多。

他们总觉得，应该还有更好的方法来解决上述出现的问题。

训练道场

1. 折返跑除了用触碰传感器解决外，颜色传感器、超声波传感器都能解决这个任务。但不同的传感器，对场地的要求不太一样，你能否尝试一下？

2. 解决机器人转向不准而产生累积误差的方法之一是定位。在每一次转向后，让机器人后退一点，通过靠向后面的围墙来进行定位，会消除每次产生的误差。但这需要对机器人的搭建做出修改，你觉得应怎么修改呢？

3. 丁丁和罗博设计的程序，是一个永远循环的程序。你能不能把它改为让机器人只运行一分钟，一分钟后无论机器人在什么位置都自动停止的程序呢？

关外链接

趣味知识

EV3的电机简介

EV3套装中有两种电机，分别叫做大型电机和中型电机。

（1）大型电机。大型电机是一个强大的“智能”电机。它有一个内置转速传感器，分辨率为1度，可实现精确控制。大型电机经过优化成为机器人的基础驱动力。通过使用 EV3 软件中的“移动转向”或“移动槽”编程模块，大型电机可以同时协调这些动作。

（2）中型电机。中型电机也包含一个内置转速传感器（它的分辨率也为1度），但是它比大型电机更小更轻。这意味着它比大型电机反应更迅速。中型电机可以被编程为开启或关闭，控制功率等级或运行特定时间或进行指定数量的旋转。

两种电机的比较：

• 大型电机每分钟转速为160~170转，旋转扭矩为20牛每厘米，失速扭矩为 40牛每厘米（更低但更强劲）。

• 中型电机每分钟转速为240~250转，旋转扭矩为8牛每厘米，失速扭矩为 12牛每厘米（更快但弱一些）。

• 两种电机都支持自动识别。

丁丁和罗博的足迹

2014年，在青岛市中小学机器人竞赛中，我校刘璐豪、苏宇轩获得九宫乐园项目的第一名，并获得参加山东省中小学机器人竞赛的资格。

第十关 画地为牢

丁丁和罗博在训练道场摸爬滚打了差不多一个周之后，才又一次尝试闯关。两人再次召唤出机器人NPC，从它手中接过闯关任务书，一起读了起来。

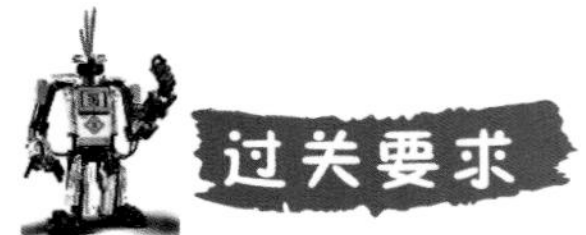

过关要求

在一个半径为60厘米的圆内，机器人的起始点任意。机器人启动后，碰到圆的边缘后，随机转向到另一个方向，继续前行。

细心的罗博发现，“随机”两字下面有两个点，这应该是着重强调的意思。

闯关探究

读完任务书，急性子的丁丁又嘟囔起来：“又跟上一关差不多。”

但细心的罗博却说出了自己的想法：“有一点不一样，任务书中的随机两字下面带点，应该有强调的意思。”

“什么是随机？”

“我也不太清楚，也许是要求每次转向的角度不一样吧。”

随机模块

随机模块可以输出随机数字或逻辑值。可以使用随机模块的结果使机器人从不同动作中随机进行选择。

> 选择输出类型

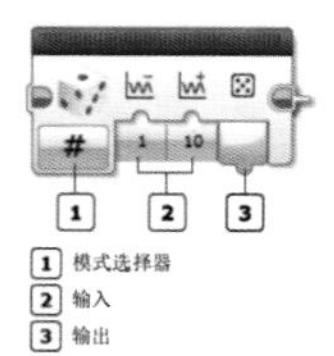

1 模式选择器
2 输入
3 输出

使用模式选择器可选择是输出随机数字值还是随机逻辑值。选择模式之后，可以选择输入。输入控制值输出的范围和概率。

于是两人开始翻阅资料，看看有没有与“随机”有关的信息。在他们的多方查找下，他们在程序软件中找到了一个“随机”模块，并详细查阅了这个模块的使用方法。

准备好了之后，他们开始分别布置场地和修改机器人。

场地布置

有了前面的经验，在场地上贴一个圆，对于丁丁来说，绝对不费吹灰之力。很快，丁丁就把场地设计好了。

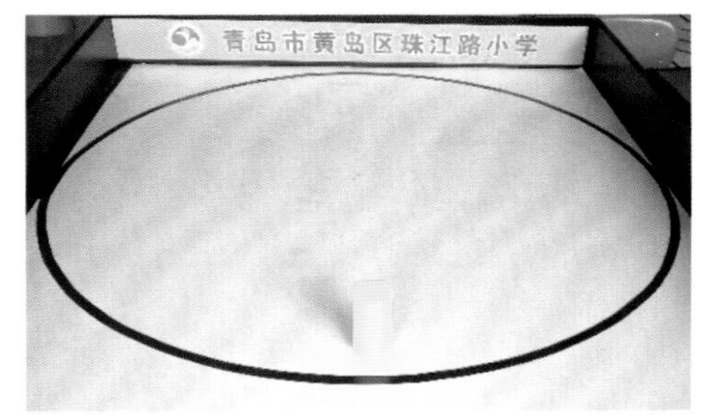

机器人设计

罗博又把机器人改装为带有颜色传感器的样子。

程序分析

程序的讨论过程中，丁丁和罗博的意见也比较一致：利用前面遇到黑线停止的程序，再加上一个随机的转向，就可以了。

但这个随机的转向，还是让他们费了不少的力气。他们不知道这个随机模块怎么影响到转向的角度。

于是他们又去网上用百度搜索别人设计好的程序，看看能不能给自己带来一点点思路。最后，还真让他们给解决了。

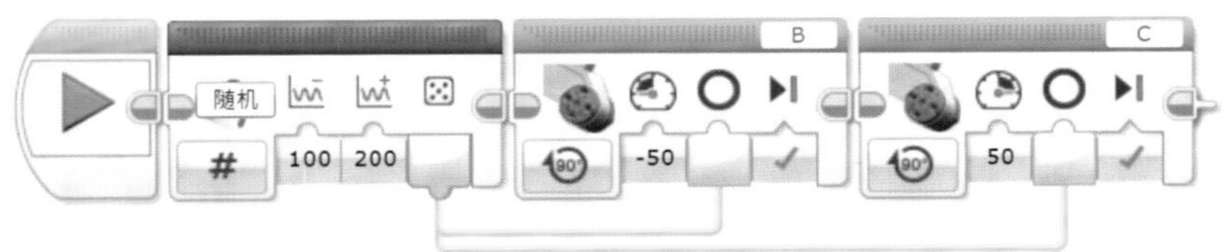

程序设计

有了上面的程序段，再结合曾经做过的黑线停止程序，丁丁和罗博认为下面的程序一定能闯关成功。

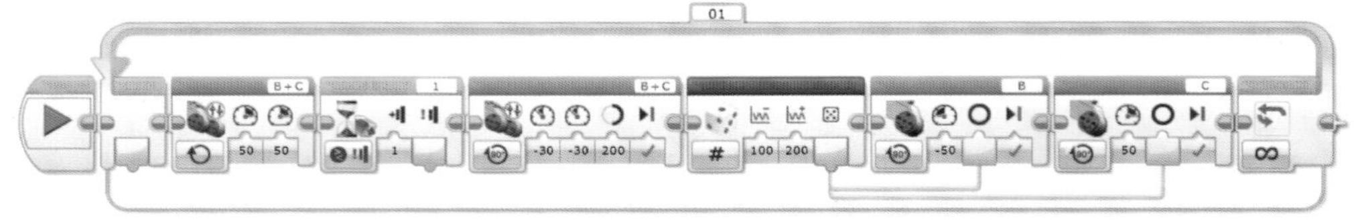

这一次的闯关，丁丁并没有像上一关那样那么的着急，而是在罗博的主导下，来到场地进行测试。

跟他们预期的差不多，闯关又一次成功！机器人在圆内表现的跟预期的几乎一模一样，每次检测到圆边都会主动转向并离开。

成功来得太容易，他们却有些吹毛求疵起来。

“程序看上去有些长了，能不能把随机转向的三个模块，变成一个模块呢？”罗博提出了一个想简化程序的想法。

“老师说，在写大型程序的时候，经常会把一些常用的功能设计成子模块，这里是不是也适用呢？我们来试试吧。”

于是两个人又开始探索起来，经过大半个小时的努力，他们还真找到了方法，把程序编程了下面的样子。

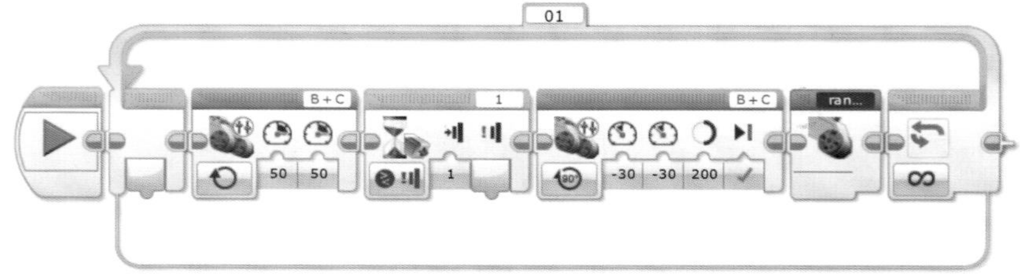

1. 随机模块你懂了吗？如果你不懂，就赶紧像丁丁和罗博一样，查阅相关资料吧。

2. 当程序中模块变得很多的时候，人们经常会把经常用到的功能打包成一个子模块，这样会简化程序的流程，让程序更易读，也更易懂。你知道如何制作子模块吗？

趣味知识

画地为牢的传说

打柴的武吉是一个孝子。一天他到西岐城去卖柴。他在西岐城南门卖柴时，正赶上文王车驾路过。由于市井道窄，他将柴担换肩时，柴担不知塌了一头。他翻转柴担时不小心把守门的军士王相打了一下，当即就把人打死了，被拿住来见文王。文王说："武吉既打死王相，理当抵命。"命在南门地上画个圈做牢房，竖了根木头做狱吏，将武吉关了起来。三天后，大夫散宜生路过南门，见武吉悲声痛哭，问他："杀人偿命，理所当然。你为什么要哭呢？"武吉说："小人母亲七十岁了，她只有我一个孩子，小人也没有妻子，母老孤身，怕要被饿死了！"散宜生入城进殿来见文王，说："不如先放武吉回家，等他办完赡养母亲的后事，再来抵偿王相之命。不知如何？"文王准了，就让武吉回家去了。"画地为牢"比喻只许在指定的范围内活动。

丁丁和罗博的足迹

2014年，在山东烟台举行的山东省青少年机器人竞赛中，我校陈一轲、阳易显、刘璐豪、苏宇轩获得FLL工程挑战赛项目的一等奖，学校获得山东省青少年机器人竞赛优秀组织单位的荣誉。

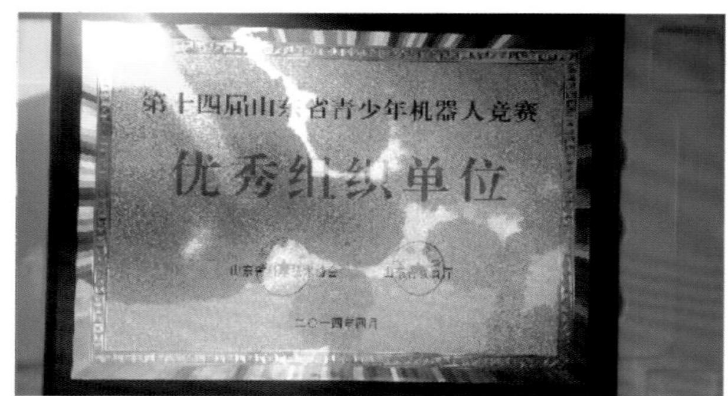

第十一关　进退自如

上一关的闯关让丁丁和罗博意犹未尽，他们打算乘胜追击，于是马不停蹄，再次召唤出机器人NPC，并接过新的闯关任务书。

过关要求

无论机器人从场地的哪个位置出发，在走到场地边缘后，都要退回到出发点位置。

机器人NPC的显示屏幕上，有一些动画在一直播放着。视频中在重复播放着几组不同的画面。

闯关探究

这次首先发言的是罗博："你是不是认为这一关跟悬崖勒马有些相似？"

盯着屏幕的丁丁答道："有些相似，但又感觉到哪里不对劲儿。"

"哪里不对劲儿？"

"你看，这几组视频中，机器人的出发点虽然各不相同，但都在边缘停了下来。"

"悬崖勒马不就是这样的吗？"

"但你看接下来的动作，它退回去的时候，都回到了原地。但据目前我们所掌握的知识，它仅仅能够退回到一个固定的距离或者时间，要么是几圈，要么是几秒。"

"对，这个往回退的距离是不固定的。前进了多少，就会退回去多少。"

刚刚说完，罗博突然想到了一个细节问题："机器人好像能够记录马达转动的圈数啊。"

“是吗？”丁丁不解地问道。

“没错啊，你看看，从查看选项卡中，转动马达时，马达的值就会发生变化：正方向转动时，马达的值会变大；反方向转动时，马达的值会变小。”罗博边说边演示给丁丁看。

“哦，那这个问题基本就解决了。”说完，丁丁就跑到电脑旁思考程序如何设计去了。

留在一边的罗博无奈地摇了摇头，刚想要说什么时突然想到今天不必设计场地了，也就释怀了。

场地布置

本次任务与“悬崖勒马”关卡中的任务类似，不需要专门的场地，一张桌子就够了。

机器人设计

没一会儿时间，罗博就完成了机器人的改装工作，这次他使用的是颜色传感器。

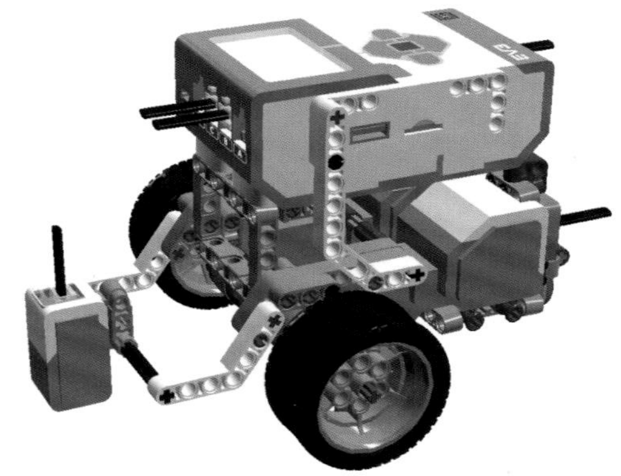

机器人改装完成后，罗博来到丁丁身边，看着他编写程序。

程序分析

看到丁丁程序中用的是超声波传感器模块，罗博提醒道：“烦不烦啊，悬崖勒马用的又是超声波传感器，这次咱们换一个不行吗？”

“除了超声波传感器，还有哪个传感器能检测桌子边缘啊？”丁丁反问道。

“颜色传感器啊。我刚才测试了，颜色传感器在桌面上的返回值是80，而在边缘的返回值是0。这样我们取一个中间值，一样能解决问题啊。”

“你是说，当颜色传感器悬空的时候，颜色传感器的返回值为0？”

“这不很正常嘛，不信你看看。”

丁丁半信半疑地跟着罗博的演示看了一遍，发现果然如此。他当即称赞罗博道：“真有你的，观察力还真够仔细啊。”

“好了，赶紧改程序吧。”罗博笑嘻嘻地回答道。

程序设计

两个人一起将丁丁先前写的程序改了一下，变成了下面的样子。

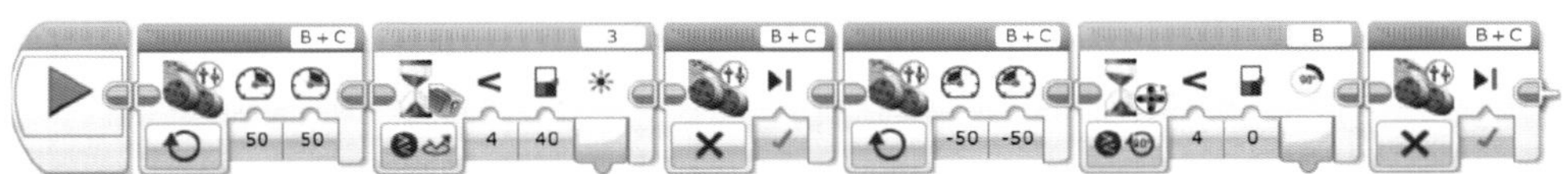

丁丁催促罗博去测试程序是否正确，罗博没有动，而是问道：“你第二个等待模块是啥意思啊？”

“从等待参数里找到的。你不是说马达能记录走过的角度值吗？只要往前走，值就变大；只要往后退，值一定变小。当值变小到0时，不就意味着回到了起点嘛。”

丁丁这么一解释，罗博就完全明白了。他拿着机器人到桌子上尝试了一下，果然如此。

过关成功，丁丁突然说了一句：“两人智慧胜过一人，这句话说得没错！”罗博听着丁丁的发言，把手伸了过去。

两只手紧紧地握在一起，一副胜券在握的样子。

训练道场

1. 在本关中，丁丁和罗博用到了一个看不到的传感器——角度传感器。你知道它是在哪里吗，是如何工作的呢？

2. 利用角度传感器的配合，很多任务将变得非常容易，看看前面的关卡中，有没有可以用到角度传感器的地方？

3. 你能否设计一个在机器人运行过程中及时显示机器人角度值变化的程序吗？

关外链接

趣味知识

仿生学简介

仿生学是一门模仿生物的特殊本领，利用生物的结构特点和功能原理来研制机械或各种新技术的学科。某些生物具有的功能迄今为止比任何人工制造机械的性能都优越得多。仿生学就是要在工程上实现并有效地应用生物功能。生物体的信息接受（感觉功能）、信息传递（神经功能）、自动控制系

统等结构与功能给予人类在机械设计方面很大启发。例如：将海豚的体形或皮肤结构（游泳时能使身体表面不产生紊流）应用到潜艇结构设计上。再比如：蝙蝠会释放出一种超声波，这种声波遇见物体时就会反弹回来，蝙蝠据此来判断障碍物的位置，而人类听不见这种超声波。但是人类根据蝙蝠的这种特性发明出来雷达（一种物体探测装置）。雷达已经广泛应用于人们的日常生活中和日常工业生产中，如将雷达安装到飞机上探测飞行距离和空中物体等。

仿生学被认为是与控制论有密切关系的一门学科，而控制论主要是将生命现象和机械原理加以比较，进行研究和解释的一门学科。

丁丁和罗博的足迹

2014年5月，在山东邹城举行的山东省中小学机器人竞赛中，我校刘璐豪、苏宇轩获得“九宫乐园”项目的二等奖。

第十二关 定点巡航

一个新的传感器的出现，让丁丁和罗博的闯关速度减慢了许多。在经过充分的休整之后，他们又踏上了闯关征程。

他们再一次从召唤出的机器人NPC手中接过闯关任务书。

过关要求

在场地上设计一条封闭的曲线，机器人能够沿着曲线蜿蜒前行。机器人NPC的屏幕上又一次出现了相关的演示画面。

闯关探究

第一次面对这样的任务，两个小伙子有点懵了。他们不停地盯着屏幕上的画面，一遍遍地看着。

这时丁丁发话了：“沿着线走，是不是就是老师口中经常说的循线呢？”

“循线是什么意思？”罗博不解地问道。

“我也说不清，咱们用百度搜索一下吧。”

借助于百度，他们确定视频中的机器人的确是在循线，并且还找到了几种不同的机器人循线方法。

“传感器越多，好像循线就越容易啊。”丁丁自言自语道。

“别想好事了，咱们就一个颜色传感器，还是多研究一下单颜色传感器循线的方法吧。”罗博在一边打击道。

“好吧，也只好如此了。咱们先把场地和机器人准备一下吧。”丁丁回答道。

场地布置

多次的闯关，已经炼就了两人设计场地的能力。不一会儿，丁丁就把场地设计好了。

机器人设计

罗博也不示弱，很快就完成了机器人的改装工作——给机器人加装了颜色传感器。

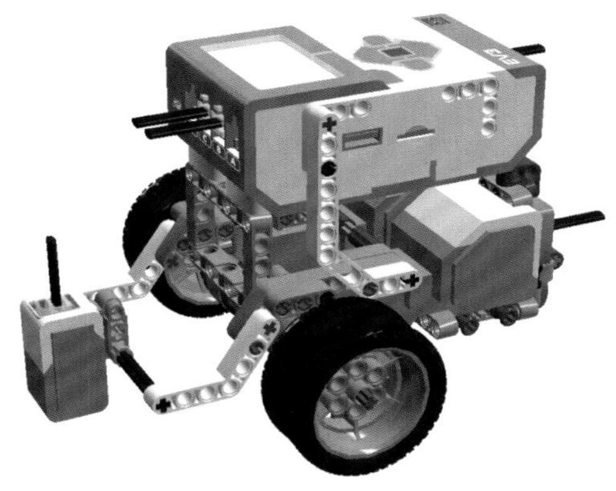

程序分析

两人来到电脑前，你一言我一语地讨论了起来。

罗博说道：“这一关肯定是用颜色传感器的反射光模式来解决问题。”

“并且这一次取中间值的公式也一定能用到。”丁丁也不示弱地说道。

“网络上说，机器人沿着黑线的边缘走，如果值比中间值大，则让机器人靠近黑线，否则让机器人远离黑线，这个怎么设置？”罗博问道。

“还记得让机器人走弧线吗？两个马达的功率设置得不一样，就能够实现靠近和远离的效果了。”丁丁答道。

“那也就是说，以中间值作为切换模块的分界点，分出两条分支，一个分支左转，另一个分支右转呗。”罗博分析后说道。

“应该没错，我们试试吧！”丁丁响应道。

说完，两个人打开软件，开始设计起程序来。

程序设计

很快，按照他们分析设计的程序就出来了。

两人来到场地上测试了一下，发现机器人的确是能够沿着曲线前进，但是当曲线弯度较大时，机器人经常会失去方向，找不到线。

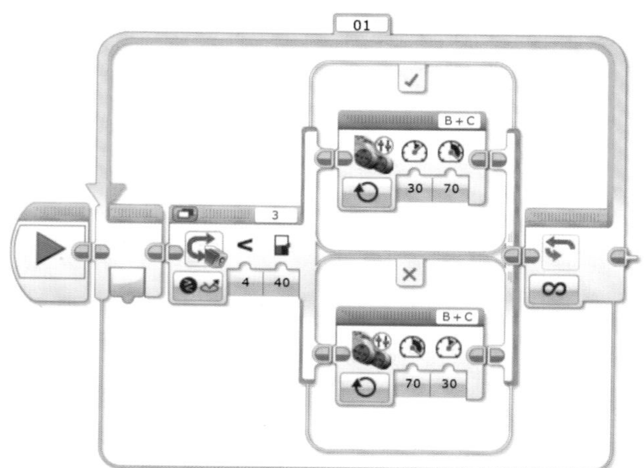

于是他们又把两个马达的功率参数进行了修改——让两个马达的差值变得更大。随后，他们又进行了第二次测试。

这一次机器人能够一直在线上行走。这就算是闯关成功啦。

但丁丁和罗博对机器人的表现有两点不满意：

- 机器人循线的时候，摆动有些大。
- 机器人循线的时候，速度有些慢。

虽然丁丁和罗博知道有些循线方法能够解决这些问题，但那些方法对他们来说，理解起来有些难度。也许，他们需要寻求他人的帮助了。

“闯关成功，已经不错了。”最后，丁丁自我安慰道。

训练道场

1. 还记得颜色传感器的反射光模式如何取中间值吗？中间值在本关中代表什么意思？

2. 有一种循线方法叫做比例循线。在弯道较少的曲线上，这种循线方法能够避免本关中机器人循线出现的问题。你能自己探究一下吗？

3. 听说过PID循线吗？这是一个传感器循线的最优方法。请你查阅相关资料，好好研究一下吧。

趣味知识

轨迹机器人的运动原理

轨迹机器人是利用传感器使机器人沿着指定轨迹运行的机器人。

轨迹机器人的识别轨迹路线原理如下：

（1）越亮的物体越能反光，越黑或暗的物体就越能吸收光线。

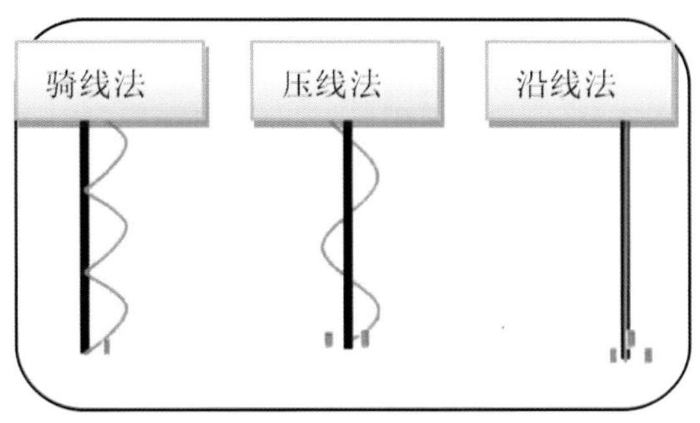

（2）如果传感器向黑色物体发射光线，反射的光线几乎就没有了。

（3）采用上述原理，机器人通过传感器来识别轨迹路线。

轨迹机器人的运动原理如下：

（1）传感器1识别到黑线时，就会有左马达停止、右马达工作带来的机器人左转运动，一直到其他两个传感器识别到线。

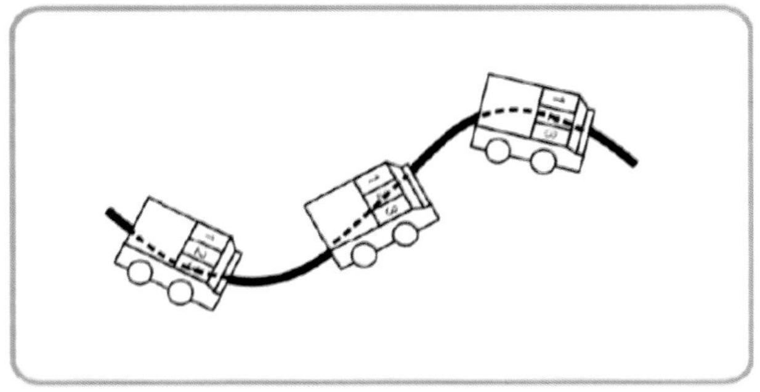

（2）黑色线在传感器2上且在传感器1和3两侧时，左右马达都会工作，所以机器人会直行，一直到传感器1或者3识别到线。

（3）传感器3识别到黑线时，就会有左马达运行、右马达停止工作带来的机器人右转运动。

丁丁和罗博的足迹

2014年8月，在北京举行的第十六届国际机器人奥林匹克竞赛中国区竞赛中，我校杨浩然获得不编程轨迹赛项目的铜牌，白浩然、郭泽轩获得骑士比武项目的铜牌。

第四部分　综合应用

在本部分课程中，将涉及更多的知识：除了传感器的综合应用外，变量的概念也是第一次引入。

变量以及多传感器的配合使用，将会产生各种各样的任务。学生们在完成任务的过程中，逻辑思维、空间想象能力等将会逐渐建立起来。

从大量的机器人设计与训练任务中精选了六个比较有代表性的任务作为闯关之选，希望学生们喜欢。

机器人大闯关是一个让你更加自信的课程。

欢迎同学们开始本部分的闯关之旅！

本部分课程包括以下六关：

- 第十三关 韩信点兵
- 第十四关 亦步亦趋
- 第十五关 一击命中
- 第十六关 按图索骥
- 第十七关 迷宫探险
- 第十八关 再试牛刀

第十三关 韩信点兵

丁丁和罗博来到新的关卡前，发现一个新的机器人NPC在等着他们。看到两位闯关选手过来，NPC还主动和他们打起了招呼。

等两个人走到跟前，机器人NPC将本关的闯关任务书递了过去。丁丁拿到闯关任务书，便读了起来。

过关要求

机器人沿着固定的轨道从起点走到终点，然后在屏幕上显示检测到的士兵的数量。

在丁丁阅读闯关任务书的同时，罗博看到：机器人NPC的屏幕上显示出了场地的大体轮廓，紧接着又播放了一段视频动画。

闯关探究

根据闯关任务书描述、场地图以及视频演示，丁丁和罗博展开了讨论。

“从起点走到终点，这个比较容易，计数却有些困难。”罗博说道。

“在轨道上走也不简单啊。”丁丁反驳道。

“很简单，就像在墙上骑着走一样，给机器人前后加一个保护装置，让机器人抱着轨道走就行。”罗博解释道。

“看来你已经胸有成竹啊，搭建的任务看来非你莫属了。”丁丁接过话来说道 。

“关键是怎么计数，这个从来没有接触过啊。”罗博又一次提到计数的问题。

“我听老师说过，有一个东西叫变量，挺神奇的，也许它能帮我们的忙。”丁丁边说边在电脑上查找程序中的变量模块。

罗博也凑过来，跟着一起研究。借助于编程软件的帮助系统，他们对变量有了一个简单的概念，也按照图例做了一些尝试。但真正帮助他们的，还是来自论坛中其他机器人爱好者的文章。

最后两人写了一个计数的程序，把其封装成了子模块，并对该子模块起名为jishu。

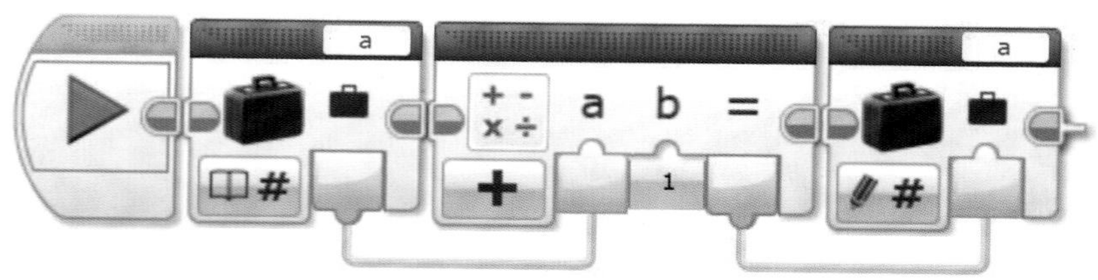

解决了这个问题后，他们通过分工，开始了闯关的其他准备工作。

场地布置

丁丁首先打开3D打印机，打印了几个士兵模型；然后又去找宽度10厘米左右的长条板来作为机器人的轨道。一番忙碌后，丁丁就把闯关的场地给布置好了。

机器人设计

罗博根据自己的想法，进行了机器人的改装。他首先搭建了两个保护装置，分别安装在机器人的前后两侧，然后又将超声波传感器安装在了机器人的侧面。

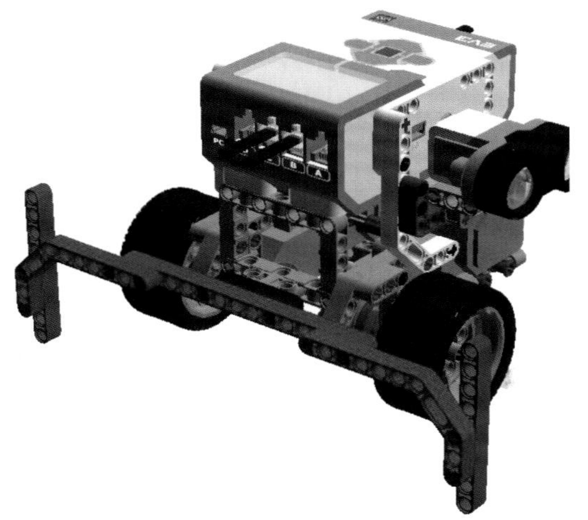

丁丁看到罗博的机器人大笑了起来：“哈哈， 机器人的轮子都竖起来了，还怎么跑啊？”

“放在木板上轮子就着地了，不信你看看！”罗博边说，边在木板上比划着。丁丁一看，果真如此！他原来哈哈大笑的神情，逐渐转变为钦佩的表情。

一切准备妥当之后，两人开始研究起程序的流程来。

程序分析

“机器人应该有三个动作：前进→发现目标物停止→计数。外边加上循环就可以闯关成功了。”一向自信满满的丁丁，又是先发言。

“机器人如何停止，总不能一直不停地往前走吧？”罗博问道。

“当然不行了，到终点停止啊！”丁丁尝试着回答。

“怎么算是到终点啊，终点又没有特别的标志。”罗博补充道。

“让我想想啊。嗯，有了。”丁丁小手一攥，继续说道：“我们利用角度传感器解决问题不就行了。从起点到终点的长度是固定的，我们只要量出木板轨道的长度，然后将这个值作为循环的退出条件就可以了。”

丁丁这么一说，罗博立刻就明白了。接下来，他们用机器人的马达测量了一下木板轨道的长度，就开始了程序的编写。

程序设计

很快，按照他们分析设计的程序就出来了（如下图所示）。

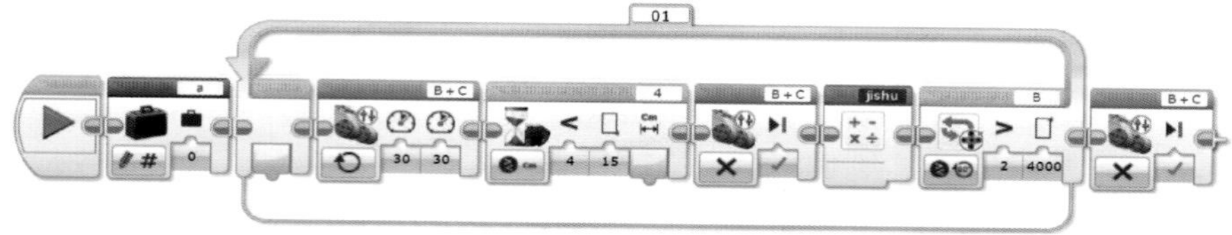

罗博拿着机器人来到场地上测试了一下，机器人除了能顺利从起点到达终点，并顺利停下来之外，屏幕上什么显示都没有。

罗博随口问道:“是不是没有加显示模块啊？”

丁丁一看，可不是嘛，于是赶紧修改程序，变成了下面的样子。

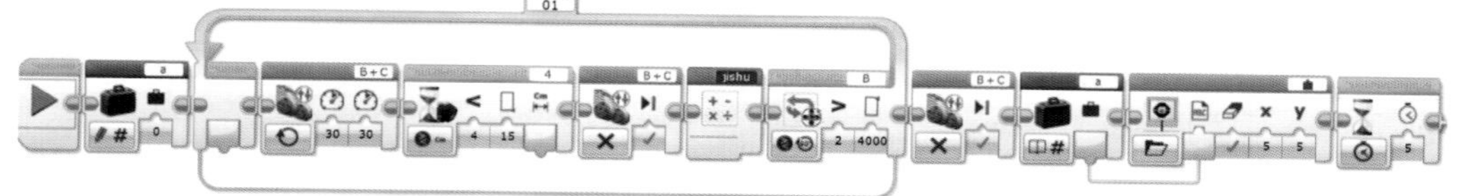

下载程序后，罗博继续测试，屏幕上能显示数字了，但显示的数字明显大于士兵的数量。

丁丁和罗博尝试了各种方法，都没有解决这个问题。最后，他们又到机器人论坛寻求帮助，终于在论坛版主的帮助下，解决了这个问题。他们两个又重写了程序（如下图所示）。

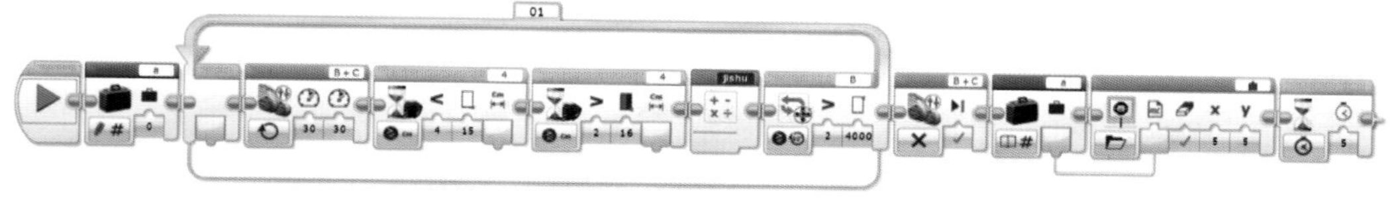

闯关成功之后，丁丁不禁大声感叹道：“经验啊！经验啊！”

罗博非常清楚丁丁要表达的意思——经验的大量积累，是解决复杂问题的关键。

训练道场

1. 丁丁和罗博的第二个程序出错的原因，你知道吗？

2. 使用切换模块来设计程序，也许在理解整个流程上更简单一些，你能将上述闯关中的程序修改为使用切换模块来完成闯关任务吗？

3. 关于屏显的问题，如果后面不加等待模块，程序会一闪而过。一般情况下，我们会加一个时间等待模块，但我们还可以将时间等待模块改为程序按钮等待，请尝试一下吧。

关外链接

趣味知识

韩信点兵的故事

汉高祖刘邦曾问大将韩信：“你看我能带多少兵？”韩信斜了刘邦一眼说：“你顶多能带十万兵吧！”汉高祖心中略有三分不悦，心想：你竟敢小看我！刘邦继续问道：“那你呢？”韩信傲气十足地说：“我呀，当然是多多益善啰！”刘邦心中又添了三分不高兴，勉强说：“将军如此大才，我很佩服。现在，我有一个小小的问题向将军请教，凭将军的大才，答起来一定不费吹灰之力的。”韩信满不在乎地说：“可以，可以。”刘邦狡黠地一笑，传令叫来一小队士兵隔墙站队，刘邦发令：“每三人站成一排。”队站好后，小队长进来报告：“最后一排只有二人。”“刘邦又传令：“每五人站成一

排。”小队长报告：“最后一排只有三人。”刘邦再传令：“每七人站成一排。”小队长报告：“最后一排只有二人。”刘邦转脸问韩信：“敢问将军，这队士兵有多少人？”韩信脱口而出：“二十三人。”刘邦大惊，心中的不快已增至十分，心想：此人本事太大，我得想法找个理由把他杀掉，免生后患。但刘邦表面上则假装笑脸夸了几句，并问：“你是怎样算的？”韩信说：“臣幼得黄石公传授《孙子算经》，这孙子乃鬼谷子的弟子，算经中载有此题之算法。”

丁丁和罗博的足迹

2014年11月，在北京举行的国际机器人奥林匹克竞赛中，我校冯克非获得挑战赛项目的金牌，仕永涛获得救援赛项目的技术奖。

第十四关　亦步亦趋

丁丁和罗博在上一关的训练道场折腾了个天翻地覆，直到认为把“变量”这个怪兽搞明白了，才又重新闯关。和善的机器人NPC把闯关任务书递给了罗博，罗博一边走一边读了起来。

过关要求

设计一个机器人，程序运行时，确保机器人跟你一直保持一定的距离。你前进，机器人跟着前进，你后退，机器人跟着后退。

机器人NPC的屏幕上，显示着相关的演示动画。当看到演示动画中机器人的表现时，罗博笑了起来，并说道：“这机器人有点像和人玩耍的调皮狗。”

闯关探究

丁丁和罗博一起观看了几遍演示动画后进行了初步的讨论。

“这里需要设定一个距离，比这个距离大的时候，机器人前进；比这个距离小的时候，机器人后退。”丁丁说。

“那我们这次闯关就得用到超声波传感器，程序模块估计得用到切换模块。”丁丁接着说。

“嗯，假如设定机器人在40~50厘米范围内是一个停止的范围，那么大于50厘米时，机器人跟进，小于40厘米时，机器人后退。”丁丁说道。

丁丁说话的同时已经在电脑边忙碌着做了两个子模块——跟进模块（foward）和后退模块（back）。

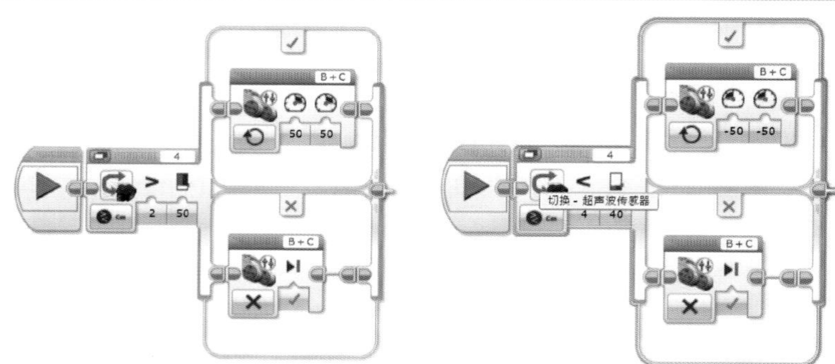

在一边观看的罗博，看到丁丁思路这么清晰，也受到了感染，立即去改装机器人去了。

场地布置

本关不需要特殊的场地，测试时机器人在地面上或者在普通赛台上都可以。

机器人设计

在丁丁准备子模块的时间里，罗博很轻松地就搞定了机器人的改装工作。

程序分析

丁丁和罗博在进行下一步程序合并的问题上产生了分歧。丁丁的想法是，直接将两个已经完成的子模块一前一后放在循环中就可以了。罗博也提出了自己的见解。他们便相互讨论起来。

“这两个子模块不应该是先后顺序，放在一个新的切换中更合理。”

“为什么？”

“你看，如果机器人前进，那它就不可能在同一时刻做出后退动作，同样，后退时也不会同时前进。”

“如果利用切换模块，那中间值该怎么设定呢？”

“根据我们前面的设定，我们取40~50厘米这个区间的中间值，也就是45厘米就行。”

“我想想啊，大于45厘米的时候，如果同时又大于50厘米，那么机器人前进，否则，在40~45厘米的区间内，机器人停止；小于45厘米的时候，如果同时又小于40厘米，那么机器人后退，否则，在45~50厘米的区间内，机器人停止。嗯，真是完美的方案。”

在丁丁仔细分析程序原理后，罗博已经动手写程序了。

程序设计

很快，他们就将程序写好了。

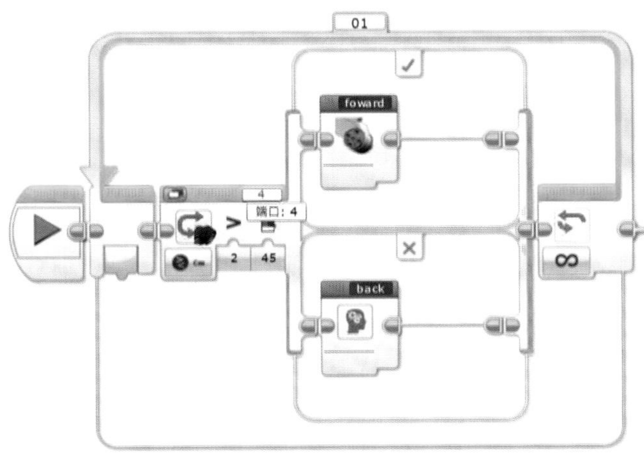

下载设计好的程序后，两个人把机器人放在地上进行程序测试。机器人的表现完全符合他们的预期。看到随着手势忽前忽后的晃动，机器人也跟着前进后退的样子，两个人玩得乐开了花。

训练道场

1. 如果把机器人搭建成直立行走的人型机器人的样子，那么机器人的表现将会更酷！请动手试试吧。

2. 丁丁和罗博在闯关过程中思路非常清晰，但还有更好的闯关方法（设计的程序看上去也更简洁）。其大体的思路是：设定一个50厘米为基准范围，机器人的马达的功率设定为超声波传感器返回值－50。这样的设计时，机器人跟进或者离开的速度会发生变化，这会很有意思啊！聪明的你，何不尝试一下呢？

3. 目前的机器人只会前进和后退，不能实现全方位的跟随。所谓全方位的跟随，就是机器人能跟着你的转弯而转弯。你有没有办法使机器人实现全方位的跟随呢？

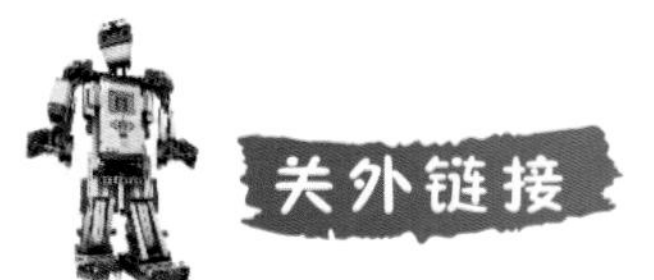

关外链接

趣味知识

“阿尔法狗”机器人

AlphaGo

阿尔法围棋（Alpha Go）是一款围棋人工智能程序，由谷歌（Google）旗下Deep Mind公司的戴密斯·哈萨比斯、大卫·席尔瓦、黄士杰以及他们的团队开发。其主要工作原理是“深度学习”。

“深度学习”是指多层的人工神经网络和训练它的方法。一层神经网络会把大量矩阵数字作为输入，通过非线性激活方法取权重，再产生另一个数据集合作为输出。这就像生物神经大脑的工作机理一样，通过合适的矩阵数量，多层组织连接一起，形成神经网络“大脑”进行精准复杂的处理，就像人们识别物体标注图片一样。

2016年1月27日，国际顶尖期刊《自然》封面文章报道，谷歌研究者开发的名为“阿尔法围棋”（Alpha Go）的人工智能机器人，在没有任何让子的情况下，以5:0完胜欧洲围棋冠军、职业二段选手樊麾。在围棋人工智能领域，这实现了一次史无前例的突破。计算机程序能在不让子的情况下，在完整的围棋竞技中击败专业选手，这是第一次。

2016年3月9日到15日，阿尔法围棋程序挑战世界围棋冠军李世石的围棋人机大战五番棋在韩国首尔举行。比赛采用中国围棋规则，奖金是由Google提供的100万美元。最终阿尔法围棋以4比1的总比分取得了胜利。

丁丁和罗博的足迹

2015年8月，在湖北武汉举行的第十七届国际机器人奥林匹克竞赛中国区竞赛中，我校王彦程获得障碍赛项目的银牌，潘柏皓获挑战赛项目的铜牌。

第十五关　一击命中

丁丁和罗博在训练道场好一顿折腾，直到把所有的问题搞明白之后，才又踏上了闯关之旅。

看到丁丁和罗博的到来，智能化程度很高的机器人NPC迎了上来，嘴里嘟囔着“欢迎继续闯关”，并随手将闯关任务书交给了他们。

过关要求

你的机器人能够准确地锁定目标物的位置，并能够进行准确的打击。

机器人NPC的屏幕上显示：一个机器人找到目标，先是左右对准，接着前后对准，最后将球投出，准确命中目标。

丁丁和罗博看到动画中的机器人具有超高的命中率，不仅惊呼起来！

闯关探究

临渊羡鱼，不如退而结网。丁丁和罗博边分析动画，边讨论了起来。

丁丁说：“又是超声波传感器，还有两次针对距离的调整。”

“嗯，前后的调整还好说，关键是左右的调整，好像有些难度！”罗博跟着说道。

丁丁接着说：“你看啊，左右调整的时候，机器人首先应该是看到了左侧边缘，也就是目标物进入超声波的视线范围；接着应该是看到了右侧边缘，也就是目标物离开超声波的视线范围；再往回调整需要调到目标物的中间，这个不知道怎么实现的。”

“应该是用角度传感器吧。把刚看到目标物时的角度传感器重置为0，看不到目标物的时候，机器人停止转动。这时当前机器人马达转动角度的一半，就是要回调的角度。”罗博说道。

罗博边说，边在电脑上尝试着写程序。

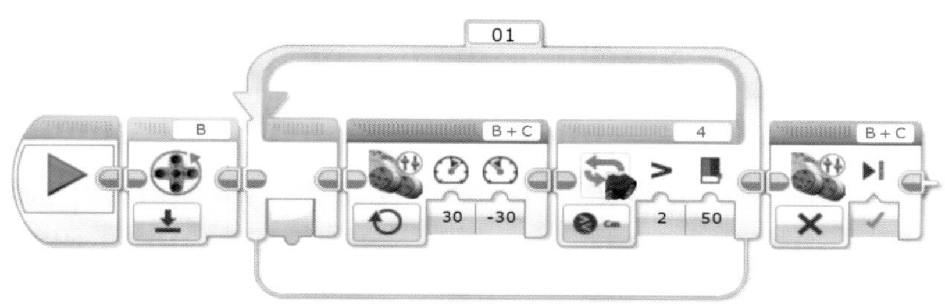

程序写到这里，罗博停了下来。目标物是离开了，但如何往回调啊，不知道接下来如何写程序了。

丁丁想了一阵子之后，说：“我有想法了，让我试试。”于是接过罗博的工作，尝试着修改起程序来。在罗博原来的基础上，丁丁又加了一部分代码。

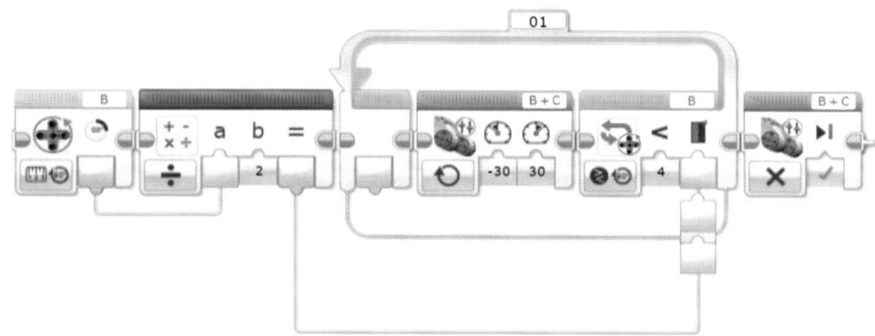

写完后丁丁解释道：“你看啊，当前B马达的角度值，就是从看到目标物到离开目标物时B马达传动的角度，那么它的一半就是回调的角度。那让B马达往回转动，直到其转动的角度小于一半的值停止就行了。”

罗博想了想，丁丁的话似乎有些道理。于是他提议道：“咱们先把这个做成子模块吧，否则程序太长了。”

很快子模块就做好了，他们把这个子模块命名为lradjust。

在这样的讨论中，他们很快又完成了前后调整的子模块，并将其命名为fbadjust。

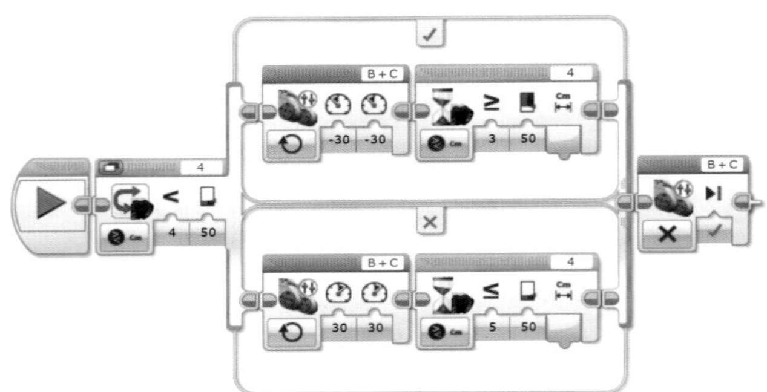

两个最主要的问题解决之后，他们开始分头行动，准备闯关的道具。

场地布置

罗博来到场地区，将现有的一些道具经过简单的组合，完成了场地的搭建。

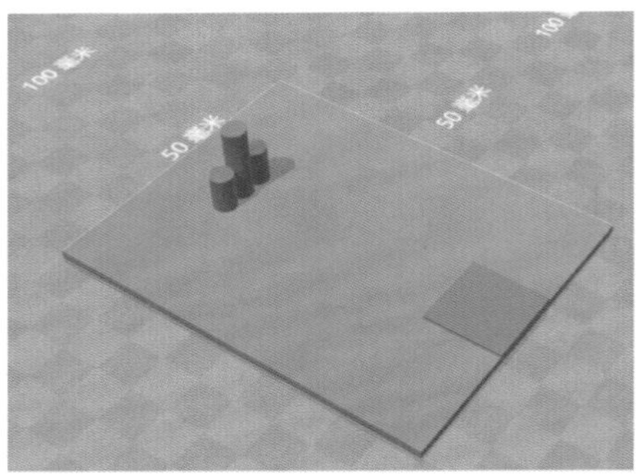

机器人设计

丁丁根据动画的演示，对机器人进行了改装：在机器人原来基础上，又加了一个大型马达。这个大型马达为投球装置提供动力来源。

程序分析

两个人各自完成自己的任务后，又走到一起，开始讨论程序中机器人如何控制的问题。

“前面我们把两个子程序已经完成了，只需按照顺序连起来，再加一个投球动作就能够完成任务。”罗博不假思索地说道。

“机器人的摆放也很重要，如果使其直接面对目标，那么咱们前面的讨论就不能很好地解决问题。”丁丁思考了一阵子后说道。

“摆放时必须背对着目标物，你没看到视频中的演示吗？”

“也不是必须的，我们可以想办法解决这个问题。”

“你是说再加一个判断程序吗？如果一开始就在范围内，那怎么办？”

“左转呗，直到看不到目标物。”

“哦，明白了。如果一开始看到目标物，机器人就左转。那就是在前面再加一段检测的程序呗。”

“嗯，就是这样。你看看，这就是我想到的程序。”在讨论的过程中，丁丁已经将程序写好。

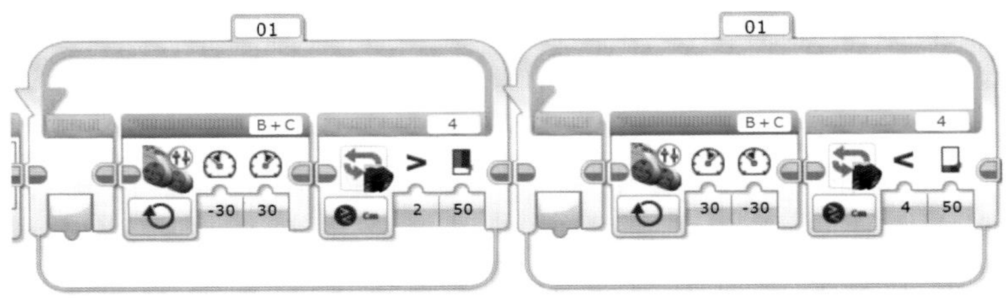

“机器人如果一开始看不到目标物，则不执行第一个循环；反之，则执行。第二个循环是用来找到目标物左侧边缘的。”

“对，就是这样。”丁丁确认道。

“那如果一开始正对目标物的话，第二个循环实际上是不执行的。”

“会执行，动作可能会非常小，我们看不到而已。”

“哦，明白了。我们把所有的程序都写出来吧。”

“先把这段程序编程为一个模块吧。”丁丁边说边做了起来。

程序设计

在两人的共同努力下，最终的程序终于出来了（如下图所示）。

“第一个模块是找到目标物的左边缘，第二个模块是进行左右调整，第三个模块是进行前后调整，第四个模块是执行投球的指令。”在完成程序的设计后，丁丁说道。

“你有没有发现，我们把每一个功能都定义成了一个模块？”罗博问道。

“是啊，我早就是按照功能对模块进行定义了，这样程序看上去很简洁。”丁丁回答道。

“有这么好的经验也不早告诉我！”罗博假装生气地说道。

“其实在查阅资料时，你早就形成这样的经验了，还以为我不知道吗？”丁丁反驳道。

“好啦，咱们去测试下程序吧。”罗博接着说道。

来到场地上，两个人测试了起来。测试后，程序的运行结果符合预期，但机器人并不能有效地命中目标物，且机器人每次都打在目标物前面。

“搭建上的问题，我去改一下。”罗博拿起机器人就去改装了。

“你知道怎么改吗？”丁丁在后面追问道。

“机械臂短了，加长就行。”罗博回答道。

机械臂改了许多次后，还是有一些问题，于是两人又对程序中C马达的转动角度进行了调整，最后终于如视频中一样，机器人能够百发百中了。

“看似简单，实际却蕴含着很多的生活知识啊。”完成任务后，罗博感慨道。

“看来我们还需要对圆周运动做一番深入的研究。”丁丁补充道。

1. 对于圆周运动，你了解多少？

2. 闯关机器人的第三个马达使用的是大型马达，但实际套装中，大型马达只有两个，能不能将投球的大型马达改为中型马达？

3. 程序设计方面，是否还有改进的余地？特别是前后距离的调整，能否用数据连线的方法来完成？

趣味知识

“机械公敌”电影梗概

公元2035年，出现人和机器人和谐相处的社会。智能机器人作为最好的生产工具和人类伙伴，逐渐深入人类生活的各个领域，而由于机器人“三大法则”的限制，人类对机器人充满信任，很多机器人甚至已经成为家庭成员。

总部位于芝加哥的USR公司开发出了更先进的NS-5型超能机器，其外形酷似人类，拥有强化耐久的钛金属外壳，可执行各种任务。从保姆、厨师、快递、遛狗到管理家庭收支，简直是无所不能。然而就在新产品上市前夕，机器人的创造者阿尔弗莱德·朗宁博士却在公司内离奇自杀。

警探戴尔·斯普纳（威尔·史密斯Will Smith饰）接手了此案的调查，由于不愉快的往事，斯普纳对机器人充满了怀疑，不相信人类与机器人能够和谐共处。专门从事机器人心理研究的科学家苏珊(布里吉特·莫伊纳罕Bridget Moynahan饰)向来崇尚逻辑与科学，她坚信总有一天机器人会胜过人类，并回过头来帮助人类进步。生活观念南辕北辙的史普纳和苏珊却在调查朗宁博士自杀的案件中不期而遇

斯普纳根据对朗宁博士生前在3D投影机内留下的信息分析和对自杀现场的勘查，怀疑对象锁定了朗宁博士自己研制的NS-5型机器人桑尼，而公司总裁劳伦斯·罗伯逊似乎也与此事有关。

人类制造机器人时，通常会遵循所谓“机器人三大安全法则”来设计并控制它们。但是，随着调查的深入，人们发觉机器人似乎已经学会了自我思考，并且曲解了“机器人三大安全法则”，认为人类间战争将使得人类自我毁灭”，出于“保护人类”法则，欲将所有人囚禁在家中，人与机器人的冲突开始了。人类必须开始重新思考如何面对机器人，但是，机器人或者人类自身是否都值得信赖却是一个令人深思的问题。

丁丁和罗博的足迹

2015年12月，在韩国富川举办的第十七届国际机器人奥林匹克竞赛中，我校李明昊获清障赛项目的铜牌，聂翔宇获挑战赛项目的铜牌。

第十六关 按图索骥

享受着上一关闯关成功过后的快乐，丁丁和罗博反而没有立即闯下一关。他们在机器人的搭建上下了一番工夫，将机器人做成了NPC的样子，又对其戏弄了一番之后，这才拿着自己搭建的机器人来到了NPC面前。

看到两个人拿着小一号的自己走了过来，机器人NPC哈哈大笑起来，并开口说道："两个臭小子，要宝要到我头上啦。看我不难为一下你们！"机器人NPC说完就将闯关任务书向两个人扔了过去。

丁丁向前一个跨步，将任务书接了过来，并开心答道："不知道我会飞嘛，嘿嘿。"

过关要求

令丁丁和罗博没有想到的是，此次任务书上只有四个大字：按图索骥。

本想通过机器人NPC的屏幕上再得到一些额外信息的丁丁和罗博，却发现NPC的显示屏上只显示了一个"无奈"的表情。

闯关探究

毫无头绪的两个人对于任务内容争论了好一段时间。他们用"百度"搜索了相关资料后，总算弄清楚了闯关任务的大体要求。

最终，丁丁和罗博统一了思想，明确了任务——机器人沿着一条曲线从起点到达终点，然后将放在终点的目标物取回来。

"在定点巡航任务中，我们做过类似的任务。"在分头行动之前，丁丁发言道。

"是啊，有点类似。但这次需要找到目标物，然后还需要把目标物再取回来。"罗博接过话茬说道。

接着，两人你一言我一语地讨论起来。

“如何找到目标物啊？”

“得用超生波传感器吧，其他的好像不行。”

“让机器人循线的过程中，超声波传感器发现目标物停止，然后呢？”

“再加一个中型马达，完成取目标物的任务。”

“旋转180度，找到黑线后，走回来。”

“嗯，试试看，我布置场地，你改装机器人吧。”

“嗯， 就这么定了。”

在两个人的讨论过程中，他们理清了思路，完成了分工。然后，他们开始分头行动。

场地布置

罗博来到场地区取出胶带、剪刀等工具，忙碌了半个多小时，终于把场地贴了出来。在他还没来得及炫耀自己设计的场地时，在一旁改装机器人的丁丁说了一句：“目标物是什么啊？”

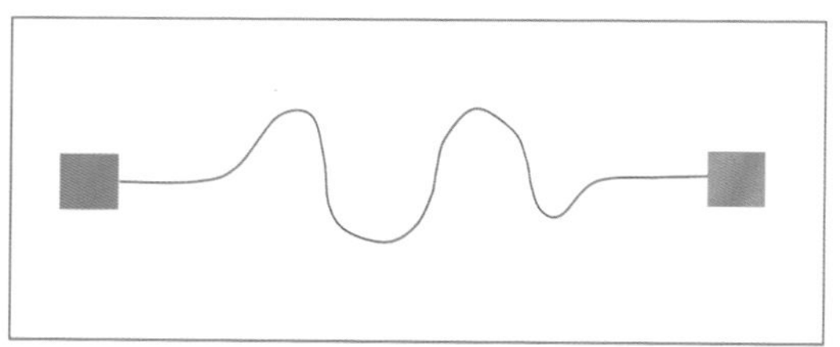

被丁丁这么一问，罗博一时哑口无言。他随即用眼睛在场地区再次搜寻了一圈，然后锁定了目标物——FLL工程挑战赛场地上已经搭建好的用来当做“药瓶”的道具。

“这个怎么样？”罗博拿着“药瓶”道具来到正在改装机器人的丁丁面前说道。

“真有你的，这个不错。不过我的机器人又得改装了。”丁丁上上下下仔细打量了一下罗博手中的道具，并说道。

“为什么？”罗博追问道。

“开始的时候，我想让机器人抱着目标物回来，但这回不用了，只需要机器人把它挑回来就行了。”丁丁解释道。

“对了，来帮我一下，超声波传感器还没有装上。”丁丁说道。

“好的，没问题。”罗博边说边过来帮忙了。

机器人设计

经过一番改装后，丁丁将机械手改为了下面的样子。

机械手改装完成后，丁丁把它递给罗博看，并问道：“怎么样，这个结构好玩儿吧。”

罗博仔细端详了一阵子，说道：“球齿的应用很巧妙啊！最上面的那个是干什么的？”

“首先是好玩，当目标物被挑起来后，还可以挡着不让其掉下来。”丁丁回答道。

说话的时间内，罗博把超声波传感器安装上去了。于是两个人又忙碌着将两个部分合体。很快，他们就把机器人给制作完成了。

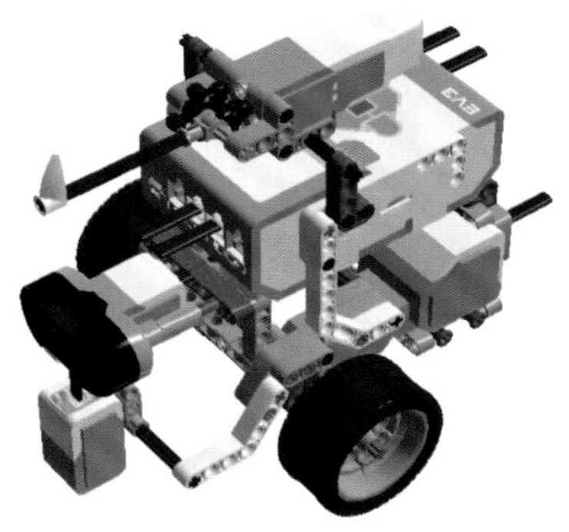

程序分析

“机器人去的时候一定是沿着线走的，所以‘定点巡航’中的程序，我们可以参考。”丁丁说道。

“但那是一个永远循环的程序，除非停止程序运行，否则机器人无法自动停下来。”罗博说道。

“当超声波传感器看到目标物时，退出循环就行了，我们来试试看。”丁丁边和罗博说话，边在电脑上修改程序。最后，经过测试，他所设计的程序段（如下图所示），能够完成寻找目标物的任务。

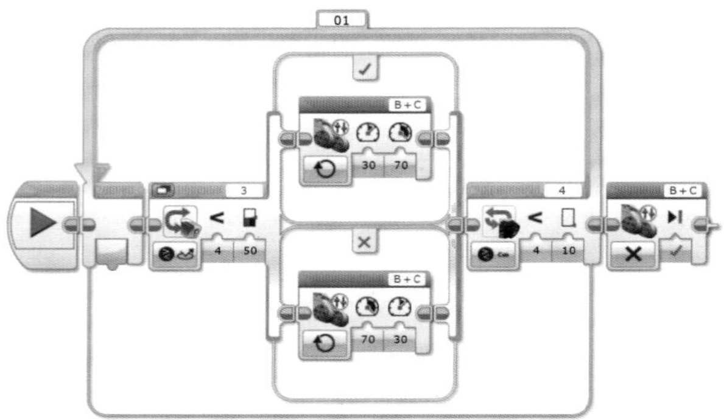

“接下来就简单了，机器人启动中型马达挑起物体，然后转身，循线返回。”罗博胸有成竹地说道。

丁丁也没说什么，但总感觉好像没有那么简单……

程序设计

最终的程序很快就设计出来了。来、回的循线程序都打包成了模块，分别被命名为“qu”和“hui”。

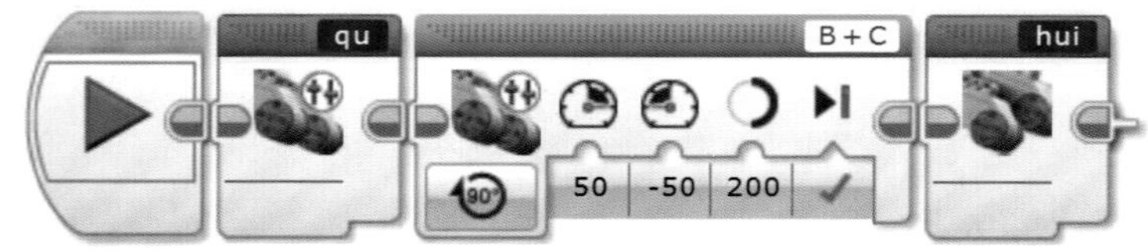

怀着喜悦的心情，丁丁和罗博带着机器人来到场地上，进行测试。他们发现：最好用的还是循线找目标物的那一段程序，而转向程序非常不稳定——不是多了，就是少了，这导致机器人无法按照预设的想法回到起点。

两个人都有些蔫儿了，最后不得不上相关机器人设计论坛寻求帮助。在论坛达人的帮助下，他们把转向程序改成了下面的样子。

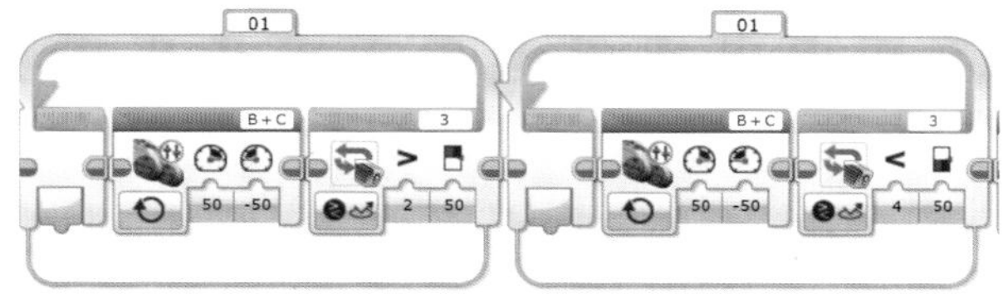

这个程序的意思是：机器人原地转圈，离开黑线，然后继续原地转圈，找到黑线，然后退出循环，结束转向运动。

他们也将这段程序编程打包成了模块，并将其命名为“zhuan”。于是最终的程序变成了下面的样子。

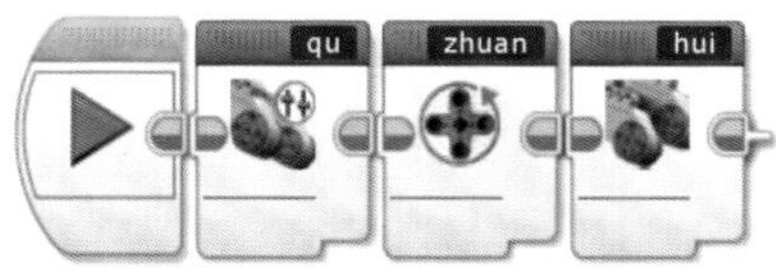

他们继续进行调试，发现机器人转向动作能够完成，但无法挑起目标物。于是两人又开始对机器人结构进行调整。

在经过一段时间的不懈努力之后，他们终于通关了。直到此刻，他们才深刻地体会到：任务是越来越难了。

训练道场

1. 机器人结构方面还可以继续优化，挑起目标物的机械臂也可以设计得更好，请尝试修改一下吧。

2. 程序设计中，原地转圈找黑线的方法是解决寻线问题的比较好的方法。通过这个方法还可以写一个转圈次数的程序，你有没有兴趣尝试一下呢？

趣味知识

按图索骥的故事

秦国有个人叫孙阳，他一眼就能认出好马和坏马，人们把他叫“伯乐”。伯乐把自己认马的本领都写到叫《相马经》的书里，在书里画上了各种马的图。伯乐的儿子很笨，却希望自己也能像父亲一样厉害。伯乐的儿子把《相马经》背得很熟，以为自己也有了认马的本领。一天，伯乐的儿子在路边看见了一只癞蛤蟆。他想起书上说额头隆起、眼睛明亮、有四个大蹄子的就是好马。“这家伙的额头隆起来，眼睛又大又亮，不正是一匹千里马么?”他心里默念道。他非常高兴，把癞蛤蟆抓回了家，对伯乐说：“快看，我找到了一匹好马!”伯乐哭笑不得，只好说：“你抓的马太爱跳了，不好骑啊！”

丁丁和罗博的足迹

2016年5月，在山东泰安举行的山东省青少年机器人竞赛综合技能项目中，我校韩宇林、刘季雨获得一等奖，潘柏皓、郭泽轩、李明昊、张程越获得二等奖，聂翔宇、蔡卓衡获得三等奖。

2016年7月，在内蒙古自治区乌兰察布举行的2016国际机器人奥林匹克竞赛中，我校赵政钧、郑植、崔逸宸、焦若龙包揽机器人障碍赛项目前四名，并在挑战赛项目和清障赛等项目中获得一银五铜。

第十七关 迷宫探险

休整之后，丁丁和罗博又踏上了征程。态度和蔼的机器人NPC这次把闯关任务书递交给罗博，并说道：“祝你们好运。”

罗博接过闯关任务书，看到上面又只写着四个大字——迷宫探险。

过关要求

两个人对于这个任务并没有太多的概念，于是来到机器人NPC前想得到更进一步的提示。然后，NPC就给他们提供了一段视频资料。

在这段视频资料中，两人看到一个个不一样的迷宫。但无论迷宫怎样变换，机器人总会找到终点，并顺利过关。

闯关探究

“关于走迷宫，好像有个什么规律来着，叫什么法则呢？”罗博问道。

“你说的那个规律能解决什么啊？有了它，就能走出迷宫吗？”丁丁问道。

“大多数情况下都能走出来吧，我们一起查查看。”罗博接着说道。

于是两人在电脑上查了半天，最后终于搞明白了右手（左手）法则的迷宫走法。

“那机器人怎么利用这个法则呢？”丁丁又问道。

“先往前走，当走不动时，看看左边有路还是右边有路。哪边有路往哪边走，如果两边都有路，向右走。”

“为什么两边有路时，向右走？”丁丁反问道。

罗博回答道：“根据右手定则啊。当然，如果按照左手定则，那么就向左走。”

丁丁若有所思，好像明白了什么。这时罗博又开口说道，“可是，如何判断两边是否有路呢？我们只有一个超声波传感器啊。”

“让传感器转起来怎么样？”

“试试吧，今天的准备工作估计需要很长时间，一点头绪也没有。”

“要不一起做吧，咱们先制作场地。”

“行，两人智慧胜过一人，咱们商量着来吧。”

场地布置

两人来到场地区，动手制作机器人要走的场地——迷宫。他们尝试各种方法，但制作的迷宫都不是非常牢固。不得已的情况下，他们寻求老师的帮助。老师从备件箱里找出了部分连接件给他们用，在这些连接件和热熔胶枪的帮助下，经过大半天的努力，他们终于做出了一个比较满意的迷宫（如右图所示）。

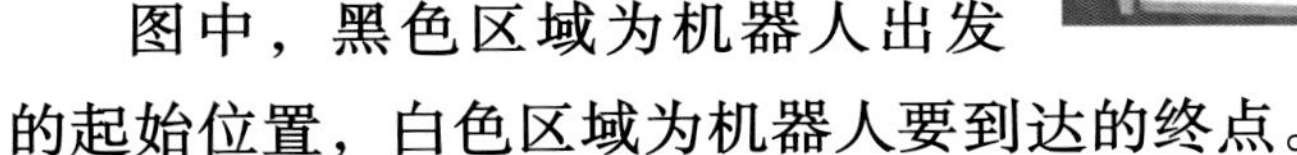

图中，黑色区域为机器人出发的起始位置，白色区域为机器人要到达的终点。

机器人设计

两人经过简单的讨论，最终决定由罗博搭建机器人的视觉部分，而丁丁搭建机器人的主体，最后两人再完成机器人的合体。

丁丁有了前面的搭建基础，做起来轻车熟路，不一会儿的工夫就把机器人的主体做好了。

罗博负责机器人眼睛部分的设计，却花费了他不少的心思。最后，他还是做得有模有样。

最终，两部分合体的机器人样子如下图所示。

丁丁和罗博看着两个人辛苦劳动之后的成果，很是满意。有付出就有收获，两个人心里兴奋地想着。

程序分析

“如果机器人在一定距离之内没有看到墙壁，那就让它往前走，这样程序就很容易设计出来。那么这个距离是多少呢？”丁丁边说边写程序。

“嗯，根据场地隔板的大小，我们设置20厘米以上，这样机器人前进比较合适。”罗博边说，边检查丁丁写的程序。

两个人测试程序没有问题后，便将下面的程序打包成了模块，并将其命名为CsbStop。

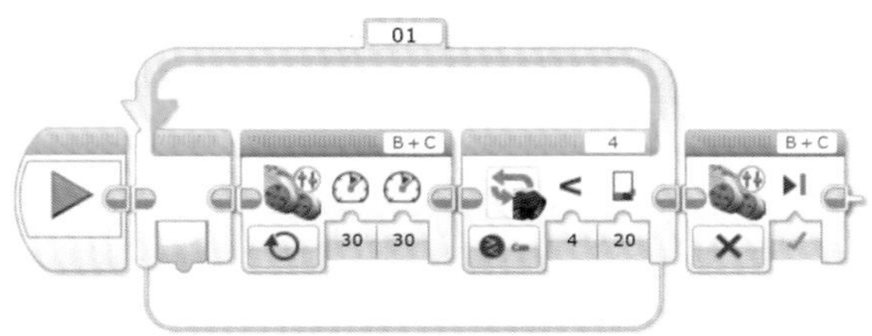

“机器人停下后，判断两边看来有些困难啊。看到你搭建好的机器人，你是否已经有了想法？”丁丁问罗博道。

“机器人停下后，先让超声波左转90度，看看有没有墙；然后让超声波右转180度，再看看；最后让超声波再左转回90度，超声波面向正前方。”罗博边演示边解释道。

“转动好做，关键是如何判断啊？”丁丁问道。

“用变量记录一下状态如何？”罗博反问道。

“怎么记录？”丁丁说完，便陷入了思考之中。

罗博虽然有了模糊的想法，但是毕竟不够清晰，因此他也陷入了思考之中。

沉默了一段时间后，罗博开口说道：“这样行不行，我们设计两个变量L和R，看到墙，记录为1；没看到墙，记录为0。”

在思考和尝试中，两个人进行着尝试，写出了下面的程序。

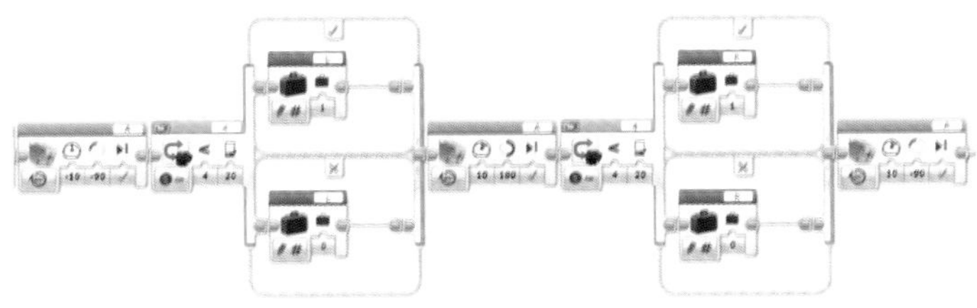

“没法测试这段程序是否正常工作啊。”罗博忽然想到了什么，说了这么一句。

“不是有屏幕吗，我们把变量L和R的结构显示在屏幕上就知道了”。丁丁回答道。

于是，两人又写了一段显示代码，并进行了测试，发现显示基本正确。

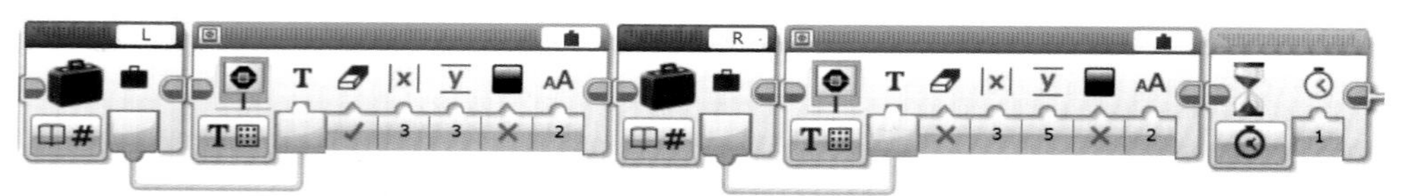

现在的丁丁和罗博，已经喜欢上了模块化程序。他们很快就将上面的两段程序打包成了一个模块，并将其命名为CheckWall。

“接下来就是根据判断的结果，决定如何走了。”完成前面的任务后，丁丁说了一句。

“这个应该跟前面亦步亦趋的关卡有些类似，但更复杂。”罗博接过话茬说道。

“一步一步分析吧，先用一个切换模块，对L的情况进行判断。在L的每个分支上，我们对R再进行判断，应该就出来了。”丁丁继续答道。

“说得轻巧，如何做是个问题。”罗博一脸无奈的样子说道。

“上论坛问问高手们吧，这个的确有些困难。”丁丁答道。

两人将情况分析发到了机器人论坛。很快，在高手们的指导下，他们完成了程序的初步设计。

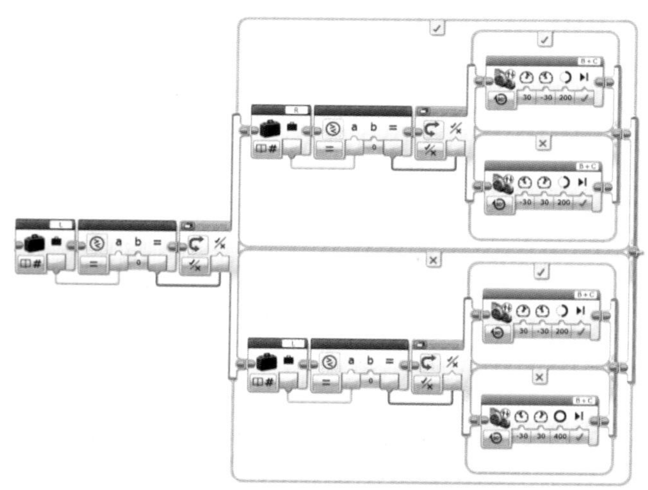

“没想到切换开关还可以这样用啊。”完成设计后的丁丁感慨道。

“学无止境，古人说的就是对！”罗博也感慨道。

最后两人把这段学来的程序命名为Turn。

程序设计

有了前面的积累，程序很快就做出来了。

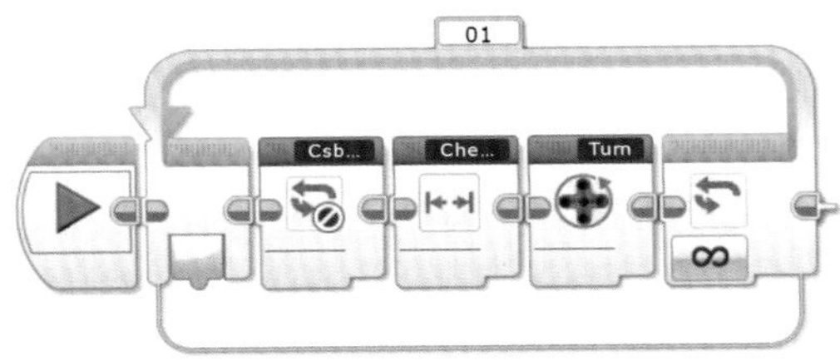

胸有成竹的两个人兴致勃勃地来到场地上，开始测试了起来。

出乎他们的意料，机器人的表现并不完美。两人在经过多次的尝试和观察后，认为不是思路的问题，而是程序的参数需要调整。

确定了问题所在，两人又忙碌了起来：对超声波距离的问题、机器人的转向大小等参数一个一个地进行测试和修改。

他们又花费了一个下午的时间后，机器人终于能够走完整个迷宫了。

而此次任务，竟然花费了他们一个多周的时间，这是两人所始料未及的。

训练道场

1. 让机器人转90度，是一个看似很容易的问题。但在该任务中，因为累计误差的存在，要求对转向角度非常精确。你有什么办法能让机器人在转向时表现得非常稳定呢？

2. 理论上不存在问题的情况下，误差是导致任务失败的最大的一个因素。因为误差的积累，最终会使结果不可预测。我们有没有消除误差的方法呢？（比如说每隔一段时间就让机器人进行定位一次。）

3. 对于迷宫问题，是否还有更好的办法来解决呢？

趣味知识

机器人之父——恩格伯格

恩格伯格出生于美国纽约，拥有哥伦比亚大学物理学士、电机工程硕士学位。1956年的一场酒会中，恩格伯格与发明家德沃尔相识，两人不仅谈论起科幻小说大师阿西莫夫的机器人哲理，还聊到德沃尔所申请的“可编程物件移动设备”专利有何潜力，两人从此结下不解之缘。

恩格伯格深受阿西莫夫影响，对机器人有相当浓厚的兴趣。他认为德沃尔的专利发明跟机器人相当类似，具有发展潜力。后来恩格伯格与德沃尔紧密合作，于1959 年研发出全球首台工业机器人原型“Unimate”， 两年后开始大量生产 Unimated 1900 系列机种，并将其逐渐导入工厂生产使用。通用汽车便是其使用者之一，也因此领先业界成为最早启用自动化生产的汽车大厂。

1984 年， Unimation 公司被美国电器厂西屋并购。恩格伯格成立新公司 Transitions Research Corp.（后改名为 HelpMate Robotics），转投入研发服务型机器人，推出移动机器人设备“HelpMate”。该类机器人获全球上百家医疗机构引进采用。恩格伯格后来又持续为高龄者与身体行动不便者，开发照护辅助应用机器人。

美国机器人工业协会（Robotic Industries Association，RIA）理事长伯恩斯坦表示，恩格伯格对科技发展贡献良多，机器人因他而成为全球产业，机器人改变了社会的生产模式。恩格伯格一生获奖无数。RIA 更以他之名作为年度机器人领域杰出贡献奖名称 ——“恩格伯格机器人奖”。该奖自 1977 年设立至今，已颁发给 120 位杰出人士。

丁丁和罗博的足迹

2016年10月，在澳大利亚举行的2016国际机器人奥林匹克竞赛中，我校聂翔宇、柴嘉润获机器人挑战赛项目的铜牌，王怀远、柴嘉润、张程越获3D创意设计项目的铜牌。

第十八关　再试牛刀

丁丁和罗博来到机器人NPC前，准备继续闯关。

还没走到跟前，就听见和蔼可亲的机器人NPC慢慢地说道：“小伙子们，预祝你们最后一关闯关成功。”

丁丁和罗博有些意犹未尽的样子，但还是接过了NPC手中的闯关任务书。

“再试牛刀”四个大字下面，有一大段的描述：在一个圆形的场地内，有着不定数量的圆柱体，要求机器人逐个将其推出场地外，在确认场地被清空之后，机器人自动停止运行，并在屏幕上显示出清理掉的圆柱体的数量。

“信息量好大啊！”看完任务描述的罗博首先说话了。

“这个任务我们做过，好像是原来任务的升级版啊。”丁丁接过话茬说道。

“嗯，除了清理掉圆柱体，我们需要实现计数功能。”

“这个倒是好说，我们前面玩过了。倒是那个圆柱体清理掉以后，机器人的停止有些麻烦。”

“如果是我，那一定是再全部找一圈，确认没有任何圆柱体了，就停下来呗。”

“倒是个主意，多花点儿时间而已，怎么确认是转了一圈呢？”

“测量一下呗，这个我在行。”

“那一会儿你去测值，但好像还有一些问题啊，机器人如何判断走到圆外？机器人如何返回圆心，机器人……”罗博跟机关枪似地一下子说出了许多问题。

丁丁不但没有被罗博说出的这么多问题吓倒，而且把所有问题一一罗列下来，并跟罗博一起讨论，然后把这些问题一个个解决掉了。

下面是他们罗列的问题的清单：

- 原地旋转找到圆柱体；
- 将圆柱体推出圈外；
- 退回到圆心；
- 计数器加1；
- 继续寻找，重复前面的动作，如果在指定角度内没有发现目标物，停止；
- 屏幕显示清理掉的圆柱体的数量。

两个人完成程序分析后，就各自按照分工忙碌起来。

场地布置

有了前面的经验，罗博制作起场地来轻车熟路，很快就完成了。倒是，他寻找圆柱体的时候花费了一些时间。不得已，他又启动3D打印机重新打印了几个圆柱体。

机器人设计

丁丁负责机器人的搭建，同样没用多少时间就完成了。根据需要，他在机器人身上安装了一个颜色传感器和一个超声波传感器。

“这机器人好眼熟啊。”看到丁丁的设计，罗博笑嘻嘻地说了一句。

“场地也好眼熟啊。”丁丁还没说完，罗博就忍不住笑出声说道。

其实，这就是积累！久而久之，就会发现，用自己已知的知识，通过搭积木的方式就可以解决一些看起来从来没有遇到过的问题。

程序分析

程序是解决这个问题的重中之重，两个人没有再详细分工，而是一起讨论着、对照着列表中的问题各个击破，并时不时地拿起机器人到场地上去测试一下。最终他们写出了下面几个程序模块。

第一个模块用于原地旋转找到圆柱体（命名为find_cylinder）。

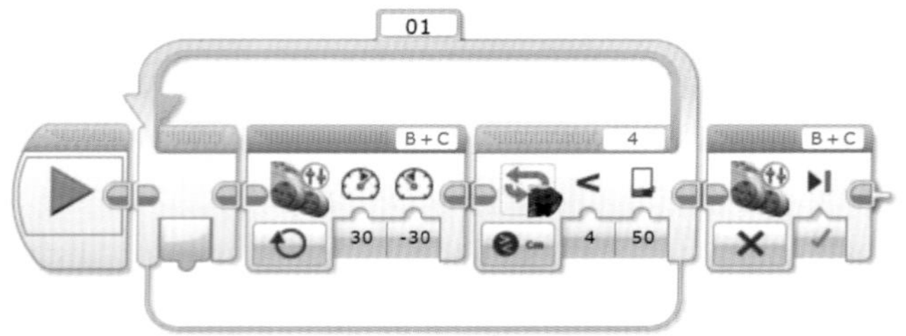

第二个模块用于将圆柱体推出圈外（命名为go_out）。

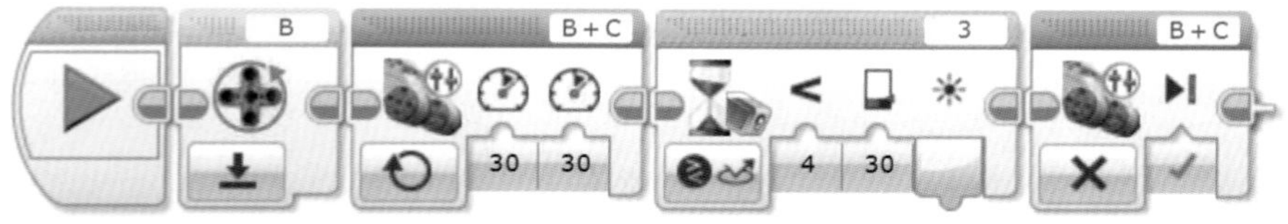

第三个模块用于退回到圆心（命名为back）。

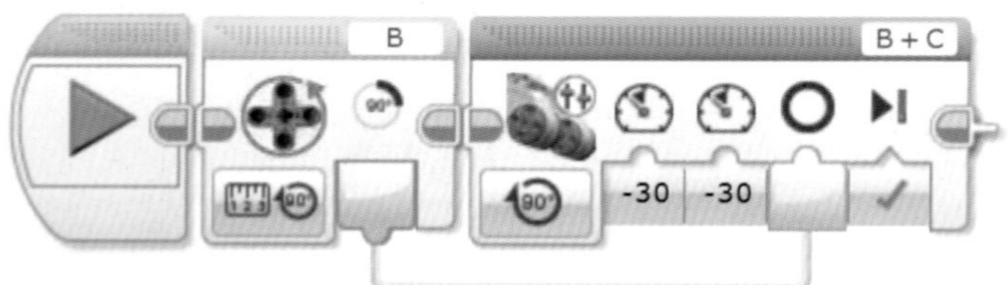

第四个模块用于计数器加1（命名为Counter）。

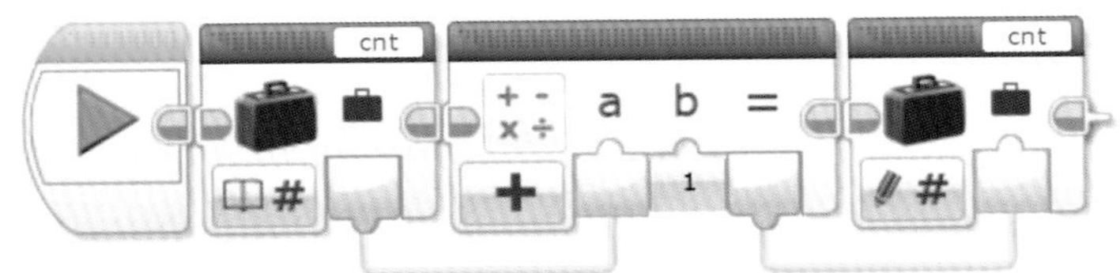

第五个模块用于屏幕显示（命名为display）。

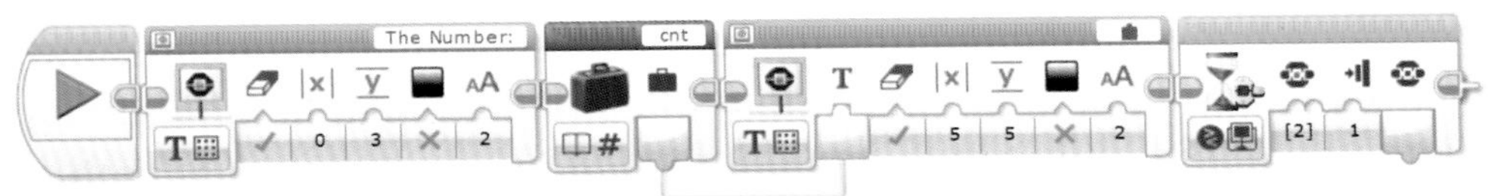

程序设计

在设计完前面的模块后，两个人很快就完成了整体程序的设计。

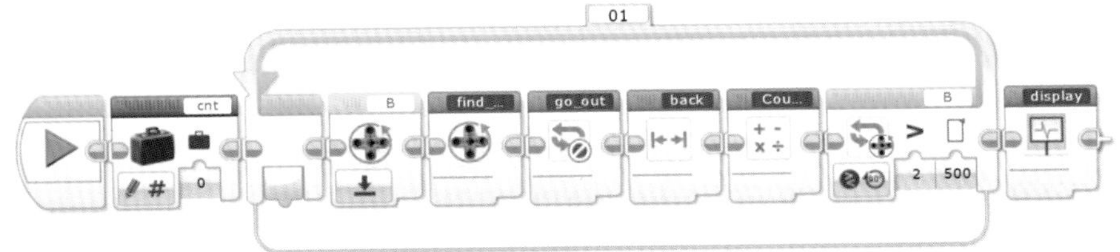

如释重负的两个人来到场地前，测试后却发现了不少问题。

“问题不少啊！”罗博憋不住了，说了一句。

“思路没有错，都是些细枝末节的事情，修改下机器人的结构或者程序的参数应该能解决问题。”丁丁回答道。

于是两人又忙碌了起来。有时候说起来简单，但做起来就不是那么回事了。他们忙碌了半天，虽说机器人的表现比刚开始的时好了许多，但还是表现得不尽如人意。

两个人只好停下手中的工作，去找他们的好朋友们（论坛牛人）的帮助。在他们的指点下，丁丁和罗博很快找到了问题所在，并将问题解决了。

训练道场

1. 四则运算是我们常用的操作。EV3图形化软件中的运算能力比之前NXT的强了很多。你能设计几个常用的四则运算的模块吗？（比如说加法模块、混合运算、平方计算等。）

2. 电机旋转模块的重置是什么原理？我们程序中用到了2次电机旋转的重置设置，各代表什么意思呢？

3. 自定义模块在本课中使用得非常多，关于自定义模块的设置，还有好多功能（比如输入、输出参数的设置等），查阅一下资料，研究研究一下吧。相信你会收获满满！

4. 在论坛上，丁丁和罗博得到了怎样的指点？你能想出来吗？

关外链接

趣味知识

中国机器人之父——蒋新松

1997年3月30日，“中国机器人之父”蒋新松的生命定格在这一刻。然而，他所开创的事业，正以前所未有的速度蓬勃发展着。“机器人革命”将影响全球制造业格局，我国将成为全球最大的机器人市场。

1977年，蒋新松在中科院自然科学规划大会上提出了发展机器人和人工智能的设想。在他和一批科学家的不懈努力下，机器人和人工智能被列入1978年至1985年中国科学院自然科学发展规划。1979年，蒋新松提出把“智能机器人在海洋中应用”作

为国家重点课题，并把“海人一号”水下机器人作为最初的攻坚目标。由蒋新松任总设计师的中国第一台水下机器人样机于1985年12月首航成功，于1986年深潜成功。随后，我国首台“CR01”6000米水下自治机器人研制成功，并于1995年夏天在太平洋海试成功，初步完成了我国实验区内太平洋洋底探测任务，为我国进一步开发海洋奠定了技术基础。

作为“863计划”自动化领域的首席科学家，蒋新松卓有成效地指挥了CIMS（计算机集成制造系统）的技术攻关。在他的领导下，我国CIMS技术进入国际先进行列，获得美国SME“大学领先奖”和“工业领先奖”。他对“863计划”的贡献不仅体现在许多技术路线的建议和决策上，而且体现在对具体科研项目的管理和指导上，更重要的是他提出了一系列战略性建议。他重视国外先进经验却又不照搬，与众多从事“863计划”研究发展的专家一同创出了一条适合中国国情的自动化发展道路。

近年来，中国科学院沈阳自动化研究所在蒋新松开创的事业的基础上，又取得了“蛟龙”号载人潜水器、“潜龙一号”6000米水下无人无缆潜水器、旋翼无人机等一系列研究成果。该所以现场总线技术为代表的工业自动化技术研究取得了具有国际前沿水平的研究成果。该所牵头研发的工业无线网络技术成为国际标准。“新松公司”——这个以蒋新松院士名字命名的公司，经过十几年的发展，已经成为国内外知名的高科技企业。

蒋新松说过：“生命总是有限的，但让有限的生命发出更大的光和热，让生命更有意义，这是我的夙愿。我只讲生命的质量，不求生命长短的数量，活着干，死了算！”在他看来，他生命的最大意义莫过于为祖国和科学献身。这就是他的追求。他说：“祖国和科学，我心中的依恋和追求。”

能在多大程度上占据机器人研发和制造的顶峰，取决于科技的力量。我们需要千千万万个“蒋新松”为时代赋予的历史重任，为国家未来科技事业发展的重大使命而不懈奋进。

其实，现在许多年轻的科研工作者已经在继续着“蒋新松”的事业，在他工作过的领域奋力前行。

丁丁和罗博的足迹

2017年7月，在安徽阜阳举行的FIRA Youth青少年机器人世界杯竞赛中，我校共获得2金2银9铜。其中潘柏皓、聂翔宇同学获得联队挑战赛项目的冠军，晁越、宗春妤同学获得编程挑战赛项目的亚军。

2017年8月，在中国台湾举行的第22届FIRA Youth机器人世界杯竞赛国际赛中，我校共获得2金3铜。其中潘柏皓、高靖翔同学获得挑战赛项目的金牌，孟照凯、潘柏皓、蔡卓衡获得救援赛项目的铜牌。

后　记

在学校张校长等领导的殷切关怀和细心指导下，在李建强专家的热情指导下，历时三年多，作者编写的《机器人大闯关》这本书终于定稿，要正式出版了。此时此刻，作为执笔主写的我，如释重负，百感交集。

2014年年初，在张校长的主持下，学校领导决定由我来重新编写我校的校本课程“智能机器人”时，当时自己并没有想太多，便接下了这个任务，但更没有想到编写校本课程的过程会如此艰辛。

我当时的想法很简单——让机器人课程尽量地贴近孩子们的生活，让孩子们以阅读读物的方式轻松地完成这本书所讲的有关机器人知识的学习，并使孩子们在学习过程中学会探究、学会合作、学会自主解决问题。

个人既因为能力有限，又因为精力有限——平时工作比较忙碌，使得本以为能够很快完成的任务，历时很长时间。然而张校长并没有因为我的“拖拉”而忘记关心，李建强专家也没有因为我的 “懒散”而放弃指导。在他们无私的帮助和鼓励下，我坚持着一步一步地走了下来。

编写教材初稿期间，经历了多次的机器人比赛，经历了翻转课堂的兴衰，经历了3D打印机的兴起，也迎接了创客时代的到来。而这一切的一切，使得自己对机器人教育有了更深入的理解，也给我带了编写教材的灵感，因而书的章节体系和内容也发生了很大的相应变化，书中所要向读者表达的思想和所要传授给学生的知识和理念，也随之发生了改变。从这个角度来看，我的“拖拉和懒散”，对于自己和读者来说，都是坏事变成了好事。正应了时下流行的一句话：一切都是最好的安排。

“让探究固化为习惯，让科学内化为品质”是我校对于科技教育的指导纲领。在此纲领指导下，书中内容编写设计并没有对机器人知识进行太多的呆板式的说教，而是将合作、探究、多思路多角度寻找解决问题的理念和方

法，作为本书内容设计的重点去引领、去探索。随着时代的不断进步、社会的快速发展，书中提到的许多知识，虽然会不断地被新知识所替代，但是孩子们通过书中知识学习而具备的合作、探究、自主学习等能力却会因为时代的进步发展而变得越来越重要。

在本书编写过程中，除了得到了张校长和李建强专家的大力支持外，还得到了学校校委会领导和其他老师们的大力支持。为了让我能够有更多的时间和精力投入到校本教材的编写，很多领导和老师主动帮我承担了部分教课工作，同时他们也给出了编写这本校本教材的很多的建设性指导和实际性建议。在此，我向所有为本书编写提供支持和帮助的领导和老师表示衷心的感谢！同时感谢战斗在科技教育，特别是机器人教育第一线的同仁们，正是大家不断的经验积累和无私的分享，才有了书中一个个生动鲜活的课例。

特别感谢我的爱人、儿子以及他的朋友们。在本书编写期间，我爱人承担了家里所有的家务；儿子和他的朋友们帮我一起策划课例主题，一起设计任务，并一一进行实践。

潘学涛

2018年1月